Processing
创意编程与3

赵 婷　李 莹　王志新 编著

U0187309

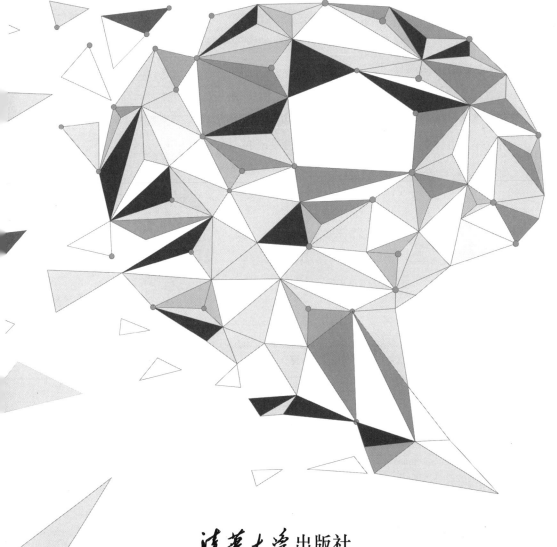

清華大学出版社
北 京

内 容 简 介

Processing是以数字艺术为背景的程序设计语言,语法简洁易学,使用它可以很方便地创作震撼的视觉表现及互动媒体作品。本书重点引导读者学习Processing的入门基础知识,同时介绍Processing如何与Arduino进行通信,以及如何通过与Kinect和Leap Motion等体感系统互动创作作品。

本书包含两个部分:第一部分为图形生成篇,通过大量的编程示例,带领读者从入门的图形生成方法开始,从基本的语法再到程序绘图,直到创作出各种令人惊艳的图案,或者定制自己的UI界面;第二部分为交互设计篇,重点讲解鼠标、键盘的互动及串口通信,通过实例展示Processing和Arduino的互动,以及如何与Kinect和Leap Motion进行互动编程,帮助读者创作更多的体感互动效果。

为便教利学,书中附赠教学课件及全部程序代码源文件,读者可扫描前言中的二维码获取。

本书既可作为新媒体、艺术设计等相关专业学生的学习用书,也可供设计师、程序员和艺术工作者等阅读参考。

图书在版编目(CIP)数据

Processing创意编程与交互设计 / 赵婷,李莹,王志新编著. —北京:清华大学出版社,2022.1
ISBN 978-7-302-59131-3

Ⅰ.①P… Ⅱ.①赵… ②李… ③王… Ⅲ.①程序设计 Ⅳ.①TP311.1

中国版本图书馆CIP数据核字(2021)第179216号

责任编辑:李 磊
封面设计:杨 曦
版式设计:思创景点
责任校对:马遥遥
责任印制:宋 林

出版发行:清华大学出版社
    网 址:http://www.tup.com.cn,http://www.wqbook.com
    地 址:北京清华大学学研大厦A座   邮 编:100084
    社 总 机:010-62770175   邮 购:010-62786544
    投稿与读者服务:010-62776969,c-service@tup.tsinghua.edu.cn
    质 量 反 馈:010-62772015,zhiliang@tup.tsinghua.edu.cn
印 装 者:大厂回族自治县彩虹印刷有限公司
经 销:全国新华书店
开 本:170mm×240mm   印 张:15   字 数:338千字
版 次:2022年1月第1版   印 次:2022年1月第1次印刷
定 价:69.00元

产品编号:090901-01

PREFACE
前 言

随着计算机的普及和互联网数字化的发展，不同职业的人在各自的领域中开始通过编程来解决问题，探索各种可能性，甚至是发展出新的理论体系。编程也变得像是现实世界与数字世界沟通的通用语言，因此掌握编程语言成为信息时代的一种必要技能。

在艺术和设计领域，有很多艺术家、设计师、程序员和教育工作者，他们通过不断探索编程在艺术和设计中的应用，创造出了专门供艺术家、设计师及相关专业学生等使用的创意编程工具，如 Processing、openFrameworks、Cinder、p5.js 和 TouchDesigner 等。这些工具在生成艺术、视听艺术、数据可视化、交互艺术等各个领域得到了充分的应用和发展，其理论与技术也成为很多艺术院校的必修课程。

在这个数字媒介的时代，Processing 这样的开源软件对于艺术家和设计师来说有着突破性的意义，它超越了既定的运算处理规则，让用户可以更自由地使用计算机语言，利用计算机的性能去表现自己对数字媒介的理解和创意。

Processing 是一门具有革命性和前瞻性的新兴计算机语言，它使应用编程实现交互图形变得更加容易。该语言是以数字艺术为背景的程序设计语言，是 Java 语言的延伸，支持许多现有的 Java 语言架构，但语法更加简单。它具有跨平台的特点（支持 Windows、iOS 和 Android），对 OpenNI、OpenCV 和 Kinect 有良好的支持，除了可以很方便地创作震撼的视觉效果和互动媒体作品外，还可以实现诸如图形处理和人工智能等高级应用。

本书适合零基础的人学习，内容包含图形生成篇和交互设计篇两部分。第一部分是图形生成篇，从基本的语法开始讲解，再到绘图的数学基础知识，循序渐进。每一章的扩展练习，通过实例综合运用前述的知识，绘制各种动画或展现独特的艺术视觉效果。学习该部分知识，能够帮助读者创造出各种令人惊艳的图案，或者定制自己的软件界面。第二部分是交互设计篇，该篇内容包括鼠标、键盘的互动及串口通信，通过实例展示 Processing 和 Arduino 的互动，包括传感器读取等的控制程序，让读者掌握两者的交互方式，还展示了如何用 Kinect 和 Leap Motion 进行互动编程，读者可以在此基础上自行扩展，创建更多的体感互动效果。

为便于读者学习和训练，以及教师教学，本书附赠全部程序代码源文件、教学课件，扫描右侧二维码即可获取。由于本书为双色印刷，所以部分图片效果无法完全呈现，读者可扫描书中二维码，查看效果。

资源

本书作者在生成艺术、数据可视化和声音可视化领域探索多年，在学习 Processing 的过程中，通过大量的动手实践，汇集了一些经验和编程实例，创作了很多有趣的作品，希望通过本书呈现给读者朋友。

作 者
2021.10

目 录 CONTENTS

图形生成篇

第 7 章　3D 图形　　95

第 8 章　粒子系统　　108

第 9 章　媒体处理　　122

第 10 章　使用库创作　　146

交互设计篇

第 14 章　Kinect 与体感互动　　208

第 15 章　Leap Motion 手势互动　　220

图形生成篇

第1章

初识图形交互设计

Processing 是一款比较容易入手的面向视觉设计的软件原型工具，其完全开源、高分辨率渲染和完美的硬件接口能力，使得设计师能够轻松掌握编程的技巧，只需要用很少的代码就可以完成很复杂的计算机交互作品。在创意视觉领域，Processing 拥有举足轻重的地位。

1.1 了解交互设计

设计是一门尽力满足传达要求的学问，设计师通过作品向用户阐释事物的功能、功效、使用方法、特性、技术水平和文化背景等含义。随着数字科技和人工智能的发展，信息产品的电子化使得传达的载体不再只是一个固化模式，而是一个需要用户参与的、多态的响应式系统。用户对一个设计作品的理解，需要通过与作品的交互，即相互传达才得以完美实现。

交互是人类生存和发展的需要，如今人们每天都接收和创造着大量的信息和数据，比如每日新闻、广告信息、数据重现、可视化分析、朋友圈人际关系拓扑图、科学实验模拟等。当系统将信息传送给用户，或用户将信息传送给系统时，便发生了交互，这些信息可以是文本、语音、色彩、图形、机械和物理的输入或反馈。正是因为有了交互，才使人类感知、认识和控制外部世界的能力不断扩展。

随着数字科技的发展和人们审美水平的提高，国内互动艺术逐渐开始发展，各大院校也纷纷设立相应的课程。在早期交互中，媒体设计师偏爱用 Flash 的 ActionScript 语言实现互动网络和界面，但是 Flash 并非一个完全开源的系统，并且很多浏览器不支持。对比来看，Processing 是一个设计师比较容易入手的互动编程工具，由于 Processing 能够和多种硬件接口完美结合，再加上其高分辨率的渲染效果，使其在创意视觉方面发挥了重要的作用。

1.2　Processing 的功能与特性

Processing 是面向视觉设计的软件原型工具，它提供了一个基于 Java 的结构性的程序框架，并将视觉设计师常用的一些图形图像操作封装为 API(application programming interface，应用程序接口)，这样设计师和艺术家就可以用很少的代码完成一个复杂的计算机互动艺术品。由于 Processing 是在 Java 基础上开发的，因此具有良好的跨平台特性，用 Processing 编写的软件可以在 iOS、Windows 和 Android 等操作系统上运行。

在一些硬件相关的项目中，Arduino 和 Processing 常常通过串口连接在一起，协同完成一个交互作品。Processing 逐渐成为计算机端构建互动界面原型的首选工具，一旦规划好传达需求的功能，交互设计师就可以利用大量现有的函数库或开源项目代码快速完成原型验证。

Processing 开发环境 (processing development environment，PDE)，可以从它的官方网站上下载安装，如图 1-1 所示。

在官方网站上还有详细的教程，使用者在开始编写自己的程序前，可以先跟随教程尝试编写其中的案例，如图 1-2 所示。

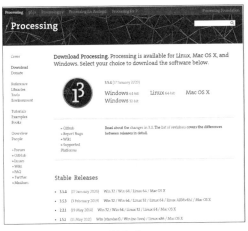

图 1-1

图 1-2

PDE 主要有两个窗口——运行窗口和编辑窗口。运行窗口用来运行编辑好的程序效果；编辑窗口主要用来编辑代码和发布程序，包括工具栏、标签栏、代码编辑区、消息区和控制台，如图 1-3 所示。

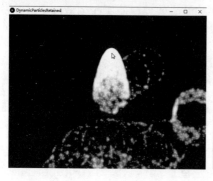

图 1-3

1. 工具栏

工具栏中包含了运行、停止、新建、打开、保存、发布等按钮，主要功能如下。

- ⚙ 运行：单击【运行】按钮◉可以运行程序。运行时会弹出运行窗口，用户可以通过运行窗口来观察程序的视觉效果和交互效果。
- ⚙ 停止运行：单击【停止运行】按钮◉，可以关闭运行窗口。
- ⚙ 开发模式：单击右上角的【Java】按钮，可以切换开发模式。Processing 支持多种开发模式，可以通过单击添加模式 (JavaScript、Android、Python 等)，添加后需要重新运行 Processing 才能显示。

2. 标签栏

单击标签栏上的◉下三角按钮，在弹出的菜单中选择【新建标签】命令，如果代码有很多行，就可以用它来扩展程序。不过一般我们会用它来定义一个单独的类，如图 1-4 所示。

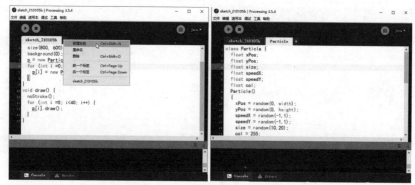

图 1-4

3. 代码编辑区

所有的程序代码都在代码编辑区编辑。程序会用不同的颜色来区分数据类型、系统变量、系统常量、系统函数、语句等。

4. 消息区

消息区主要显示程序编译时的错误（语法错误），还有一些提示消息，如图 1-5 所示。

图 1-5

5. 控制台

控制台用于显示程序运行时的错误，还可以用 print( ) 或 println( ) 函数在这里输出信息，如图 1-6 所示。

图 1-6

1.3　开启第一个绘图程序

下面我们开始写第一行代码，让 Processing 向世界问声好。打开 Processing，在代码编辑区输入下面的代码：

```
Println("Hello,world");
```

单击【运行】按钮■后，在控制台输出"Hello,world"（不包括双引号），如图 1-7 所示。

下面我们绘制一个直径为 200 像素的圆，设置其原点在画布的中心，如图 1-8 所示。

图 1-7

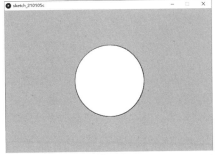

图 1-8

5

在编辑区输入代码如下：

```
void setup(){
size(600,400);
}
void draw(){
ellipse(300,200,200,200);
}
```

让这个圆动起来也很容易，比如创建这个圆由小到大的动画，如图 1-9 所示。

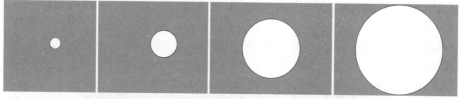

图 1-9

在编辑区输入代码如下：

```
float diameter=0;
void setup(){
size(600,400);
}
void draw(){
ellipse(300,200,diameter,diameter);
diameter++;
}
```

接下来我们进一步尝试交互效果，在前面绘制的基础上添加鼠标交互，圆跟随着鼠标移动并逐渐放大，如图 1-10 所示。

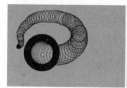

图 1-10

在编辑区输入代码如下：

```
float diameter=0;
void setup(){
size(600,400);
}
void draw(){
noFill();
ellipse(mouseX,mouseY,diameter,diameter);
diameter++;
}
```

上面的圆形跟随鼠标的移动而改变原点位置，是因为把它的特征属性"位置"设置成了随着时间变化的量，并且变化的量由鼠标位置来决定，这就是在程序动画的基础上添加交互因素的设计方案。

我们已经学习了第一个图形、第一个动画、第一个交互。本章不要求读者完全理解上面例子中每一行代码的原理，主要目的是对交互动画有个初步的了解，并且能够带着交互动画的概念来完成本书的学习。

1.4　扩展练习

通过前面的讲解，读者应该对交互设计和图形编程有了一些了解。本节课堂练习的任务就是登录 Processing 官网，下载与自己电脑系统对应的版本并安装 Processing，通过浏览官网上的范例和教程快速了解 Processing 的功能和特性，然后输入前面的代码，运行并查看图形效果。

打开安装好的 Processing，新建草图，输入如下代码，初步体验鼠标的交互：

```
void setup() {
  size(720, 720);                          // 设置画布尺寸
  noCursor();                              // 不显示光标
}
void draw() {
  colorMode(HSB, 360, 100, 100);          // 定义颜色模式
  rectMode(CENTER);                        // 确定矩形的轴心模式
  noStroke();                              // 没有描边
  background(mouseY/2, 100, 100);         // 背景颜色随鼠标 Y 轴坐标变化
  fill(360-mouseY/2, 100, 100);          // 矩形填充颜色随鼠标 Y 轴坐标变化
  rect(360, 360, mouseX+1, mouseX+1);    // 矩形大小跟随鼠标 X 轴坐标变化
}
```

提示：// 后面的文字为注释，方便理解语句的含义，程序运行时并不参与执行。

运行该程序，查看效果如图 1-11 所示。

扫码看效果

图 1-11

第2章

绘制图形

在 Processing 中通过输入程序语句，可以轻松创建多种图形和文字，并设置填充或描边的颜色，也可以设置文字的字体和大小等，由此形成图形和构成画面。与 Photoshop 等图形软件相比，Processing 在操作手法上最大的不同就是要对图形元素的坐标值有清晰的认识，最好是在绘制图形之前有明确的数值规划。

2.1　画布

在绘制图形之前首先要建立画布，这相当于绘画之前准备一块画板、一张纸一样。建立画布和在画布上呈现图形，这都要归功于函数。函数是 Processing 的基本组成部分，函数的具体表现是由它的参数决定的。每个 Processing 程序都会写入 size 函数，用于创建具有特定宽度和高度的画布。

size(width,height) 函数有两个参数：width 用于设置画布的宽度，height 用于设置画布的高度。

比如，我们要创建一个宽度为 800 像素和高度为 600 像素的画布，输入如下代码：

```
void setup()
{
size(800,600);    // 设置画布尺寸为 800×600
```

```
}
void draw()
{
rect(350,200,100,200);   // 绘制一个矩形
}
```

运行该程序 (sketch_201)，显示效果如图 2-1 所示。

图 2-1

提示： 如果要创建 3D 空间的图形，则应用函数 size(width,height,P3D)。

2.2 基本图形

如果读者之前学习过 Photoshop 或者 illustrator 等类似的绘图软件，应该对计算机绘图有所了解，这些软件都可以使用基本的图形创建非常有意思的图画。当然，Processing 也可以使用函数绘制基本图形，比如可创建点、线、三角形、四边形、矩形、椭圆、圆弧和贝塞尔曲线等。下面将举例说明这些绘制基本图形函数的使用方法。

1. 点——point 函数

point(x,y) 函数可以绘制像素点，即填充一个像素单位。这个函数需要两个参数，x 坐标与 y 坐标。首先创建一个宽和高均为 400 像素的画布，然后在画布中心绘制一个点，输入代码如下：

```
void setup()
{
size(400,400);                // 设置画布尺寸
background(200);              // 设置背景颜色
}
void draw()
{
point(200,200);              // 设置点参数
}
```

运行该程序 (sketch_202)，显示效果如图 2-2 所示。

使用肉眼不太容易看清屏幕中的一个像素点，可以尝试多写几个点并改变它们的参数，让它们处于一条水平线或垂直线上，这样就能看得比较清楚，并且更容易明白这个函数的意义。

图 2-2

```
void setup()
{
size(400,400);                  // 设置画布尺寸
background(200);                // 设置背景颜色
}
void draw()
{
strokeWeight(2);                // 设置描边宽度
point(200,200);                 // 设置点参数
point(195,200);
point(205,200);
point(190,200);
point(210,200);
point(185,200);
point(215,200);
point(180,200);
point(220,200);
point(175,200);
point(225,200);
point(170,200);
point(230,200);
}
```

运行该程序 (sketch_203)，显示效果如图 2-3 所示。

图 2-3

2. 线段——line 函数

line(x1,y1,x2,y2) 函数绘制一条线段需要 4 个参数，前两个参数定义线段的起点坐标，后两个参数定义线段的终点坐标。使用 line 函数绘制一条起点坐标为 (500, 100)，终点坐标为 (100, 300) 的线段，输入如下代码：

```
void setup()
{
size(640,480);                                  // 设置画布尺寸
background(200);                                // 设置背景颜色
}
void draw()
{
line(500,100,100,300);                          // 设置线段参数
}
```

运行该程序 (sketch_204)，显示效果如图 2-4 所示。

3. 三角形与四边形——triangle 和 quad 函数

triangle(x1,y1,x2,y2,x3,y3) 函数绘制三角形需要 6 个参数，quad(x1,y1,x2,y2,x3,y3,x4,y4) 函数绘制四边形需要 8 个参数 (每个顶点需要一对坐标参数)。

绘制一个三角形，输入如下代码：

图 2-4

```
void setup()
{
size(640,480);                                  // 设置画布尺寸
background(200);                                // 设置背景颜色
}
void draw()
{
triangle(300,100,100,360,500,420);             // 设置三角形参数
}
```

运行该程序 (sketch_205)，显示效果如图 2-5 所示。

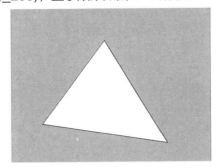

图 2-5

绘制一个四边形，输入如下代码：

```
void setup()
{
size(640,480);                                  // 设置画布尺寸
background(200);                                // 设置背景颜色
```

```
}
void draw()
{
quad(200,100,100,300,350,300,450,100);           // 设置四边形参数
}
```

运行该程序 (sketch_206)，显示效果如图 2-6 所示。

图 2-6

还可以绘制多个四边形，输入如下代码：

```
void setup()
{
size(640,480);                                   // 设置画布尺寸
background(200);                                 // 设置背景颜色
}
void draw()
{
quad(200,100,100,300,350,300,450,100);           // 设置四边形参数
quad(100,300,100,400,350,400,350,300);
quad(350,300,350,400,450,200,450,100);
}
```

运行该程序 (sketch_207)，显示效果如图 2-7 所示。

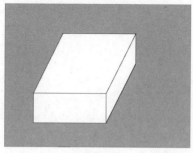

图 2-7

4. 矩形与椭圆——rect 和 ellipse 函数

绘制矩形函数 rect(x,y,width,height) 是经常使用的一个函数，它需要 4 个参数，前两个参数定义矩形左上角顶点位置，后两个参数分别定义矩形的宽度和高度。绘制椭

圆函数与 rect 函数类似，前两个参数定义椭圆的圆心坐标，后两个参数分别代表椭圆的宽度直径和高度直径。

绘制矩形和椭圆形，输入如下代码：

```
void setup()
{
size(640,480);                      // 设置画布尺寸
background(200);                    // 设置背景颜色
}
void draw()
{
rect(50,100,100,200);               // 设置矩形参数
ellipse(300,250,150,200);           // 设置椭圆形参数
rect(450,100,150,300);              // 设置矩形参数
}
```

运行该程序 (sketch_208)，显示效果如图 2-8 所示。

5. 圆弧和圆——arc 和 circle 函数

绘制一段圆弧，可以用 arc( ) 函数，包含 6 个变量，椭圆中心 x 坐标、椭圆中心 y 坐标、椭圆半宽、椭圆半高、开始弧度和结束弧度。输入如下代码：

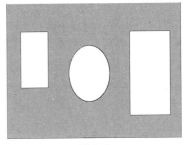

图 2-8

```
void setup()
{
size(640,480);                      // 设置画布尺寸
background(200);                    // 设置背景颜色
}
void draw()
{
arc(320,240,100,200,0,PI);          // 设置圆弧参数
}
```

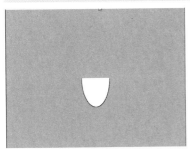

图 2-9

运行该程序 (sketch_209)，显示效果如图 2-9 所示。

circle 函数只需要三个参数，圆心的 x 坐标、圆心的 y 坐标和圆半径。定义圆心的坐标和半径，绘制一个圆形，输入如下代码：

```
void setup()
{
size(640,480);                    // 设置画布尺寸
background(200);                  // 设置背景颜色
}
void draw()
{
circle(320,240,200);             // 设置圆形参数
}
```

运行该程序 (sketch_210)，显示效果如图 2-10 所示。

6. 贝塞尔曲线

贝塞尔曲线由法国工程师皮埃尔·贝塞尔于 1962 年发明，最早用于汽车设计，后来被广泛用于工业设计领域和数字图形设计中。Photoshop、illustrator、C4D、3ds Max 等软件中都有相应的工具使用贝塞尔曲线。

图 2-10

贝塞尔曲线由 4 个点定义，分别是起点、终点及两个相互分离的控制点。移动两个控制点，贝塞尔曲线的形状会发生明显的变化。

贝塞尔函数 bezier(x1,y1,cx1,cy1,cx2,cy2,x2,y2) 包含 8 个参数，其中 x1,y1 与 x2,y2 定义起点和终点坐标，cx1,cy1 和 cx2,cy2 定义两个控制点坐标。

绘制一段贝塞尔曲线，输入如下代码：

```
void setup()
{
  size(640, 480);                               // 设置画布尺寸
  background(200);                              // 设置背景颜色
}
void draw()
{
  noFill();                                     // 设置不填充
  bezier(100, 100, 300, 50, 100, 400, 500, 300);  // 设置贝塞尔曲线参数
}
```

运行该程序 (sketch_211)，查看效果如图 2-11 所示。

为了看清贝塞尔曲线的控制柄，我们增加两条线段，输入如下代码：

图 2-11

```
void setup()
{
  size(640, 480);                                  // 设置画布尺寸
  background(200);                                 // 设置背景颜色
}
void draw()
{
  noFill();
  bezier(100, 100, 300, 50, 100, 400, 500, 300);   // 设置贝赛尔曲线参数
  line(100, 100, 300, 50);                         // 为了看清曲线的控制柄增加线段
  line(100, 400, 500, 300);                        // 为了看清曲线的控制柄增加线段
}
```

运行该程序 (sketch_212)，查看效果如图 2-12 所示。

图 2-12

2.3　自定义形状

除了一些简单的基本形状，还可以通过连接顶点的方式创建一些更有意思的形状。本节以创建星形图形为例，介绍如何利用函数创建自定义图形。

1. 创建图形

beginShape( ) 函数表示开始创建自定义图形，vertex(x,y) 函数定义这个形状中每个顶点的坐标，最后写入 endShape( ) 函数表示图形已经绘制完成。

```
void setup()
{
  size(640, 480);              // 设置画布尺寸
  background(200);             // 设置背景颜色
}
void draw()
{
  noFill();
  beginShape();               // 自定义图形绘图开始
  vertex(320, 100);           // 设置顶点参数
```

```
        vertex(120, 300);              // 设置顶点参数
        vertex(320, 200);              // 设置顶点参数
        vertex(520, 300);              // 设置顶点参数
        endShape();                    // 自定义图形绘图完成
}
```

运行该程序 (sketch_213)，查看效果如图 2-13
所示。

2. 闭合形状

我们可以增加顶点数量，并闭合图形。输入如下
代码：

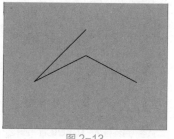

图 2-13

```
void setup()
{
    size(640, 480);                    // 设置画布尺寸
    background(200);                   // 设置背景颜色
}
void draw()
{
    noFill();
    beginShape();
    vertex(320, 100);                  // 设置顶点参数
    vertex(240, 200);                  // 设置顶点参数
    vertex(120, 240);                  // 设置顶点参数
    vertex(200, 300);                  // 设置顶点参数
    vertex(160, 450);                  // 设置顶点参数
    vertex(320, 350);                  // 设置顶点参数
    vertex(480, 450);                  // 设置顶点参数
    vertex(440, 300);                  // 设置顶点参数
    vertex(520, 240);                  // 设置顶点参数
    vertex(400, 200);                  // 设置顶点参数
    endShape(CLOSE);
}
```

运行该程序 (sketch_214)，查看效果
如图 2-14 所示。

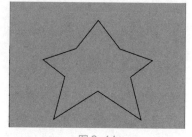

图 2-14

使用 text( ) 函数可以创建文字，textSize 函数可以设置文字的字号。如果不设置字体，就使用系统默认字体，比如输入如下代码：

```
void setup()
{
  size(640, 480);                            // 设置画布尺寸
  background(200);                           // 设置背景颜色
}
void draw()
{
  textSize(40);                              // 设置字号
  text("hello!,Processing",160,200);         // 设置文字内容和位置
  textSize(25);                              // 设置字号
  text("flyingcloth vfx studio",190,300);    // 设置文字内容和位置
}
```

运行该程序 (sketch_215)，查看效果如图 2-15 所示。

当然也可以设置文字的字体等属性，Processing 软件可以使用 TrueType(.ttf) 和 OpenType(.otf) 两种字体类型来显示文字，也可以使用一种常见的位图格式 VLM 来显示文字。

在程序调用一种字体前，需要先加载该字体并设置为当前字体。现在要加载字体并在草图程序中添加文字，要经过下面的基本操作。

图 2-15

(1) 将字体添加到 data 文件夹中。

(2) 创建一个 PFont 变量来存储字体。

(3) 创建这个字体并使用 createFont( ) 函数将字体读取给变量，它会读取字体文件，然后创建一个特殊的可以被 Processing 使用的版本。

(4) 使用 textFont( ) 函数来设置当前字体。

```
PFont font;
void setup() {
  size(600, 400);
  font = createFont("Candara.ttf", 32);
  textFont(font);
}
void draw() {
```

```
    background(0);
    textSize(32);
    text("processing,we'll come!", 140, 150);
}
```

图 2-16

运行该程序 (sketch_216)，查看显示的文字效果，如图 2-16 所示。

提示：如果要在任一计算机上都能加载字体，无论该字体是否已经安装，都应该将该字体文件添加到该草图的 data 文件夹中。

要在程序中使用两种字体，需要创建两个 PFont 变量，并使用 textFont( ) 函数改变当前字体。输入如下代码：

```
PFont cand, ink;
void setup() {
    size(600, 400);
    cand = createFont("Candara.ttf", 32);
    ink = createFont("Inkfreet.ttf", 24);
}
void draw() {
    background(0);
    textFont(cand);
    text("processing,we'll come!", 60, 150);
    textFont(ink);
    text("20200808", 60, 250);
}
```

运行该程序 (sketch_217)，查看效果如图 2-17 所示。

Processing 可以将字体转换成小的图像纹理，更易于使用 P2D 和 P3D 渲染。VLW 格式存储每个字符作为网格像素，它可以快速地渲染文本，并可以包括不含矢量数据的草图字体。

图 2-17

下面我们尝试创建一个字体。选择菜单中的【工具】→【创建字体】命令，打开【创建字体】对话框。选择一个合适的字体和大小，单击【确定】按钮，字体创建完成并存储在 data 文件夹中，如图 2-18 所示。

字体创建工具提供了设置字体大小和选择边缘是否平滑、抗锯齿的选项。同时还提供了一个 All Characters(全部字符) 选项，这个选项表示字体中的每一个字符都被包含在其中，后期还可以增加文件大小。

修改程序代码如下：

```
PFont font;
void setup() {
  size(600, 400);
  font = loadFont("Consolas-BoldItalic-48.vlw");
  textFont(font);
}
void draw() {
  background(0);
  text("processing,we'll come!", 60, 150);
  text("20200808", 60, 250);
}
```

运行该程序 (sketch_218)，查看文字效果，如图 2-19 所示。

图 2-18

图 2-19

当绘制字体时，如果其尺寸和创建时的声明不同，字体图像会被缩放，因此它看起来不总是那么清晰和光滑。举例来说，如果我们创建了一个 12 像素的字体，然后以 96 像素显示，字体就会有些模糊。

Processing 中有多个函数可以控制文本的显示方式。例如，改变文本的尺寸、行距、对齐方式等，函数 textSize( )、textLeading( ) 和 textAlign( ) 的设置会影响后面所有的 text( ) 函数中的文本。但是，需要注意 textSize( ) 函数会重置文本间距，而 textFont( ) 函数会重置尺寸和间距。

为了方便阅读文本，可以在变量中存储这些文字让代码更模块化。字符串 (String) 数据类型是用来存储文字数据的。输入如下代码：

```
PFont font;
String myvoice="processing,we'll come! 20200808";
void setup() {
  size(600, 400);
  font = loadFont("Consolas-BoldItalic-48.vlw");
  textFont(font);
```

```
  }
void draw() {
  background(0);
  textAlign(CENTER);
  textLeading(80);
  text(myvoice, 60, 100, 500, 300);
  }
```

运行该程序 (sketch_219)，查看文字效果，如图 2-20 所示。

图 2-20

2.5 绘图顺序

当程序开始运行时，计算机从第一行开始逐行读取代码，图形也是按照顺序进行绘制的。如果想将一个图形置于顶层，那么就得将它的代码写在最后，这一点和 Photoshop 中图层的原理类似。输入下面的代码：

```
void setup()
{
  size(640, 480);        // 设置画布尺寸
  background(200);       // 设置背景颜色
}
void draw()
{
  circle(200,200,300);
  rect(200,200,300,200);
  line(100,100,500,300);
}
```

运行该程序 (sketch_220)，查看效果如图 2-21 所示。
我们调整矩形和线段的顺序，修改代码如下：

```
void setup()
{
  size(640, 480);                    // 设置画布尺寸
```

```
  background(200);                        // 设置背景颜色
}
void draw()
{
  circle(200,200,300);
  line(100,100,500,300);
  rect(200,200,300,200);
}
```

运行该程序 (sketch_221)，查看效果如图 2-22 所示。由于最后绘制的是矩形，置于顶层，因此遮挡了部分线段。

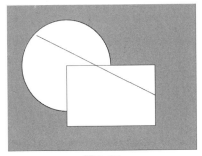

图 2-21

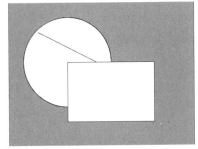

图 2-22

2.6　颜色填充

Processing 使用 fill( ) 函数和 stroke( ) 函数来设置填充与描边的颜色，从而改变图形的颜色属性，使用 background( ) 函数设置背景的填充颜色。

fill( ) 函数写入一个参数表示用灰度颜色填充。灰度颜色的参数值范围为 0 至 255，其中 255 代表白色，128 代表中灰色，0 代表黑色。输入如下代码：

```
void setup()
{
  size(640, 480);                        // 设置画布尺寸
  background(200);                       // 设置背景颜色
}
void draw()
{
  noStroke();                            // 设置不描边
  fill(255);                             // 设置填充白色
  circle(100,100,100);
  fill(128);                             // 设置填充中灰
  ellipse(300,200,300,200);
  fill(0);                               // 设置填充黑色
```

```
    rect(400,300,200,120);
}
```

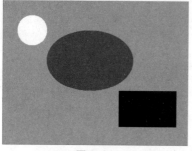

图 2-23

运行该程序 (sketch_222)，查看效果如图 2-23 所示。

如果要填充彩色，就需要在 fill(r,g,b) 函数中设置 3 个参数，即 RGB 的颜色值。它是常用的计算机三原色，也是屏幕呈现颜色的默认模式。fill( ) 函数的 3 个参数分别代表了红色、绿色和蓝色的数值，范围都是从 0 至 255。输入如下代码：

```
void setup()
{
  size(640, 480);                  // 设置画布尺寸
  background(200);                 // 设置背景颜色
}
void draw()
{
  noStroke();                      // 设置不描边
  fill(255,0,0);                   // 设置填充红色
  circle(100,100,100);
  fill(0,255,0);                   // 设置填充绿色
  ellipse(300,200,300,200);
  fill(0,0,255);                   // 设置填充蓝色
  rect(400,300,200,120);
  fill(250,150,50);                // 设置填充橙色
  rect(300,10,10,460);
}
```

运行该程序 (sketch_223)，查看效果如图 2-24 所示。

fill( ) 函数添加第 4 个参数可以设置颜色填充的透明度，参数值的范围是从 0 至 255。当值为 0 时图形颜色为完全透明，当值为 255 时则完全不透明。透明度的改变让颜色之间有了相互叠加的可能。输入如下代码：

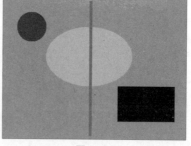

图 2-24

扫码看效果

```
void setup()
{
  size(640, 480);                  // 设置画布尺寸
  background(200);                 // 设置背景颜色
```

```
}
void draw()
{
  noStroke();                      // 设置不描边
  fill(255,0,0);                   // 设置填充红色，完全不透明
  circle(150,150,200);
  fill(0,255,0,100);               // 设置填充绿色，不透明度值为 100
  ellipse(300,200,300,200);
  fill(0,0,255,200);               // 设置填充蓝色，不透明度值为 200
  rect(310,250,200,120);
  fill(250,150,50,50);             // 设置填充橙色，不透明度值为 50
  rect(300,10,10,460);
}
```

运行该程序 (sketch_224)，查看效果如图 2-25 所示。

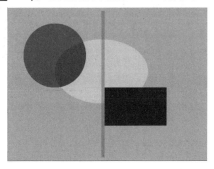

扫码看效果

图 2-25

2.7　描边属性

对于图形来说，除了填充属性外还可以设置描边的颜色和透明度，也可以设置描边的宽度和边角属性。

Processing 绘制的图形默认描边宽度为 1 像素，可以使用 strokeWeight( ) 函数对描边宽度进行设置。输入如下代码：

```
void setup()
{
  size(640, 480);                  // 设置画布尺寸
  background(200);                 // 设置背景颜色
}
void draw()
{
  strokeWeight(2);                 // 设置描边宽度为 2 像素
```

```
stroke(50,50,200);                              // 设置描边颜色
fill(255,0,0);                                   // 设置填充红色
  circle(150,150,200);
  fill(0,255,0,100);                             // 设置填充绿色
  ellipse(300,200,300,200);
  strokeWeight(8);                               // 设置描边宽度为 8 像素
stroke(125,75);                                  // 设置描边颜色和透明度
fill(0,0,255,200);                               // 设置填充蓝色
  rect(310,250,200,120);
}
```

运行该程序 (sketch_225)，查看效果如图 2-26 所示。

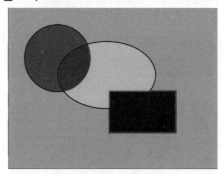

图 2-26

strokeCap( ) 函数设置线段端点的形状，strokeJoin( ) 函数设置描边边角的形状。
输入如下代码：

```
void setup()
{
  size(640, 480);                                // 设置画布尺寸
  background(200);                               // 设置背景颜色

}
void draw()
{
  strokeWeight(16);                              // 设置描边宽度
  strokeCap(ROUND);                              // 设置圆形端点
  line(100,100,500,100);
  strokeCap(SQUARE);                             // 设置方形端点
  line(100,150,100,400);
  strokeJoin(BEVEL);                             // 设置切角
  rect(200,200,100,120);
  strokeJoin(ROUND);                             // 设置圆角
  rect(400,200,100,120);
}
```

运行该程序 (sketch_226)，查看效果如图 2-27 所示。

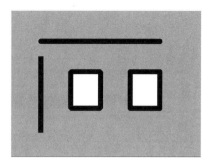

图 2-27

2.8　扩展练习

　　下面我们将应用基本的绘图程序绘制一个卡通人脸，对本章中介绍的绘图功能进行全面的练习。参考代码如下：

```
void setup()
{
  size(800, 800);
  background(200);

}
void draw()
{
  ellipseMode(CENTER);
  noStroke();

  // 脸庞
  fill(250,190,150);
  ellipse(400,400,540,640);
  ellipse(680,400,70,80);
  ellipse(120,400,70,80);

  // 眼睛
  fill(0);
  circle(300,360,60);
  circle(500,360,60);
  fill(255);
  circle(310,360,15);
  circle(510,360,15);
```

```
  // 红嘴
  fill(230,8,50);
  ellipse(400,560,340,160);

  // 白牙
  fill(250,250,240);
  strokeWeight(12);
  stroke(250,250,240);
  strokeJoin(ROUND);
  rect(360,550,30,50);
  rect(405,550,20,40);

  // 上唇
  noStroke();
  fill(250,190,150);
  ellipse(400,500,400,160);

  // 头发
  noFill();
  strokeWeight(2);
  stroke(0);
  bezier(320,90,240,60,200,130,280,170);
  bezier(350,80,300,60,300,130,360,170);
  bezier(400,80,350,30,300,130,500,180);
}
```

运行该程序 (sketch_227)，查看效果如图 2-28 所示。

图 2-28

扫码看效果

第3章

变量与语法

变量在程序中可以被多次使用，以避免过多的代码重复，当需要更改某个函数的参数值时，使用变量会变得非常方便。例如，用 if 条件语句来执行不同的状态，而用 for 循环语句按照初始化、判断循环条件及更新判断条件的顺序提高效率，使程序更加模块化，方便修改。

3.1 了解变量

变量，从名字可以很容易理解，就是可变的量。变量在程序中可以被多次使用，以避免过多的代码重复。在前面的范例中多次出现输入相同参数值的情况，这个过程非常麻烦，而使用变量则可以简化工作。

此外，变量还有更重要的作用，就是当需要更改某个函数的参数值时，使用变量会变得非常方便。比如要绘制两个大小相同的矩形并将它们放置于同一条水平线上，可将它们的纵坐标、长度和宽度使用变量表示。输入代码如下：

```
float y = 100;
float w = 200;
float h = 200;
float weight = 4;
void setup()
```

```
{
size(640,480);
}
void draw()
{
strokeWeight(weight);
rect(100,y,w,h);
rect(400,y,w,h);
}
```

运行该程序 (sketch_301)，查看效果
如图 3-1 所示。

只需要调整变量 y、w、h 或 weight
的值，就可以改变两个矩形的状态。修改代
码如下：

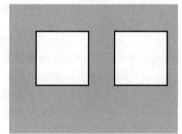

图 3-1

```
float y = 150;
float w = 200;
float h = 100;
float weight = 6;
void setup()
{
  size(640, 480);
}
void draw()
{
  strokeWeight(weight);
  rect(100, y, w, h);
  rect(400, y, w, h);
}
```

运行该程序 (sketch_302)，查看效果如图 3-2 所示。

图 3-2

我们可以尝试添加颜色属性的变量。输入代码如下：

```
float y = 150;
float w = 200;
float h = 100;
float weight = 6;
float col = 150;
void setup()
{
  size(640, 480);
}
void draw()
{
  strokeWeight(weight);
  fill(col);
  rect(100, y, w, h);
  rect(400, y, w, h);
}
```

运行该程序 (sketch_303)，查看效果如图 3-3 所示。

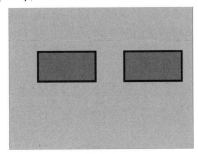

图 3-3

3.2　创建变量

创建变量首先要确定变量的名称和数值。建议起一个与变量信息相关的名字以方便之后管理代码。例如，想创造一个描述椭圆形横向位置的变量，取名"ellipx"比取名"x"要更清晰易懂。名称不需要太长，以免在使用过程中不容易记住。

由于 Processing 基于 Java 语言，因此定义变量的方法与 Java 语言相同。首先，使用关键字 float 或 int 表示创建一个浮点或整数变量，然后输入变量的名称，最后赋予它相应的变量值。例如：

```
float w ;          // 创建一个名字为 w 的浮点变量
w = 200;           // 给变量 w 赋值
```

根据 Java 语法规则，也可以写得更简洁：

```
float w = 200;
```

只有在创建变量时前面才需要添加关键字 float 或 int，每输入一次，计算机就会默认开始创建一个新变量。因此，不允许有两个相同名字的变量在同一个程序中。

通常在 setup()函数或 draw()函数外创建的变量称为全局变量。这种变量可以在 setup()函数或 draw()函数内使用或重新赋值。

在 setup()函数内创建的变量称为局部变量，它不能在 draw()函数内使用，如图 3-4 所示。

图 3-4

3.3 系统变量

Processing 包含很多系统变量，它们经常被使用。例如，前面使用过的 width 和 height，它们可以获取画布的宽度值和高度值。

1. width 和 height 系统变量

系统变量不需要创建或赋值，width 和 height 会根据 size()函数中的参数来判断画布的尺寸，并自动进行赋值。

```
void setup()
{
  size(640, 480);
}
void draw()
{
  rect(width/2, height/2, 200, 200);
  rect(width/4, height/4, 100, 100);
}
```

运行该程序(sketch_304)，查看效果如图 3-5 所示。

可以尝试改变 size()函数的参数来改变画布的宽度和高度，然后重新运行该程序，看看图形的变化情况，这样可以更好地理解 width 和 height。修改程序代码如下：

图 3-5

```
void setup()
{
  size(800, 800);
}
void draw()
{
  rect(width/2, height/2, 200, 200);
  rect(width/4, height/4, 100, 100);
}
```

运行该程序 (sketch_305)，查看效果如图 3-6
所示。

图 3-6

2. 帧速率与鼠标位置

帧速率 (frameRate) 和鼠标位置 (mouseX, mouseY)
也是经常用到的系统变量。通过下面的范例看看这几个
系统变量的作用，尝试改变 frameRate 函数的参数，会
获得不一样的效果。输入代码如下：

```
void setup()
{
  size(800, 600);
  background(200);
  frameRate(60);
 }
void draw()
{
  ellipse(mouseX, mouseY, 30, 30);
}
```

运行该程序 (sketch_306)，查看效果如图 3-7 所示。

调整帧速率为 5，再运行该程序，查看效果如图 3-8 所示。

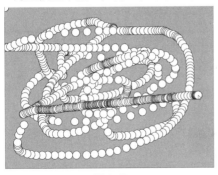

图 3-7

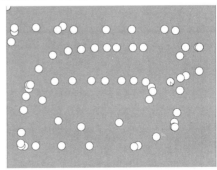

图 3-8

在不同的帧速率下拖曳鼠标指针在画布上移动，所绘制的图形有很大的差别。帧速

率越高，绘制的图形越密集，整体感觉越流畅。

除此之外，Processing 还有很多其他的系统变量，如键盘的相关操作等，这些变量会在后面的章节中详细讲解。

3.4　简单运算

编程中经常会用到数学相关的知识，数学对于程序代码的编写和功能实现是非常有帮助的。下面我们就讲解一下关于算术运算符、关系运算符和逻辑运算符的相关知识。

1. 算术运算符

在程序编写中，加 (+)、减 (−)、乘 (*)、除 (/) 称为算术运算符。当它们被放在两个值或两个变量之间时，就会创建一组表达式。例如，"2+16"或者"w−x"，都是算术表达式。

使用算术运算符的范例代码如下：

```
float x = 40;
float a = 20;
void sctup()
{
  size(800, 600);
  background(200);
}
void draw()
{
  ellipse(x, 300, a, a);
  x = x*1.5;
  a = a+20;
}
```

运行该程序 (sketch_307)，查看效果如图 3-9 所示。

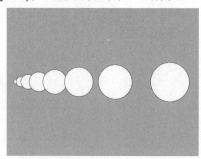

图 3-9

计算机在进行算术运算时，会遵循运算顺序规则——先乘除后加减。例如：

```
float a = 8 + 2 * 5 ;
```

先运算 2 乘以 5 再加 8，然后将运算结果 18 赋给变量 a。

如果这行代码添加了括号，结果就不一样了。

```
float a = (8 + 2 )*5 ;
```

先运算 8 加 2，再乘以 5，然后将运算结果 50 赋给变量 a。

总结一下，运算的优先级顺序为：括号 > 乘除 > 加减 > 赋值。

编程过程中经常会使用一些快捷方式进行运算。例如，希望让变量自加 1 或者自减 1，可以使用"++"或者"--"运算符执行此操作。

```
x++ 或 ++x 等同于 x = x+1
```

虽然 x++ 或 ++x 都是 x = x+1 的意思，但在赋值运算过程中的运算顺序有所区别。x++ 是先赋值后加，++x 是先加后赋值。

如果自加的数值不是 1，而是其他数值，也可以用以下写法进行运算：

```
x += 5 等同于 x = x+5
```

2. 关系运算符

关系运算符非常重要，它常用于条件语句，在后面章节的练习中会经常用到，如表 3-1 所示。

表 3-1　关系运算符

关系运算符	描述	范例
<	小于	a < b
<=	小于等于	a <= b
>	大于	a > b
>=	大于等于	a >= b
==	等于	a == b
!=	不等于	a != b

需要注意的是，关系运算符的等于并不是赋值的意思，它的作用是判断 a 是否等于 b，若 a 等于 b，则返回"真"(True)，否则返回"假"(False)。另外，关系运算符的优先级低于算术运算符，但高于赋值运算符，即：算术运算符 > 关系运算符 > 赋值运算符。

3. 逻辑运算符

逻辑运算符在条件语句中经常出现，它包含"与""或""非"三种逻辑，如表 3-2 所示。

表 3-2　逻辑运算符

逻辑运算符	描述	说明
&&	逻辑与	两个以上条件同时成立
||	逻辑或	两个以上任意一个条件成立
!	逻辑非	否定，不成立

下面举例说明这三种逻辑：

如果天气好，我要去打羽毛球。

如果天气好"并且"体育馆有空闲场地，我去打羽毛球。

如果天气好"或者"体育馆有空闲场地，我去打羽毛球。

如果天气不好，我不去打羽毛球。

分析上面的四句话：第一句是一个单一条件，只要满足天气好这个条件，就去打羽毛球；第二句是一个并列条件，天气好、体育馆有空闲场地这个两个条件必须同时满足才去打羽毛球；第三句话中只要两个条件满足一个就可以，就是说天气好但是体育馆没有空闲场地，或者天气不好但是体育馆有空闲场地都会去打羽毛球；第四句话是一个否定条件，天气不好就不去打羽毛球了。

3.5　条件语句

条件语句可以让计算机根据代码中设定的条件选择执行相应的代码段。它是计算机程序非常重要的部分。

1. if 语句

if 语句的基本结构如下：

```
if(条件){
执行运算；
}
```

if 后面的括号里放置条件。若条件为"真"，则执行花括号内的代码；若条件为"假"，则花括号内的代码不执行。在条件语句中，经常需要用到关系运算符和逻辑运算符。例如，"=="用于比较左右两侧的值是否相等，放在 if 语句中的含义是，两侧的值是否相等？如果相等就执行花括号内的运算。因此，关系运算符和逻辑运算符经常会出现在 if 语句中。

下面输入一段代码：

```
float a = 20;
void setup()
{
  size(800, 600);
  background(200);
}
void draw()
{
  ellipseMode(CENTER);
  ellipse(400, 300, a, 1.5*a);
  a += 5;
  if (a == 200) {
  fill(255, 0, 0);
```

```
    }
    if (a >= 400){
    a += 20;
    noFill();
    }
}
```

运行该程序 (sketch_308)，查看动画效果如图 3-10 所示。

扫码看效果

图 3-10

本例程序中创建了一个名为 a 的变量并赋值 20，后面会逐渐增大。用 if 语句进行判断，若 a 等于 200，则填充红色，当 a 增大到 400，又不填充颜色。

2. else 语句

else 语句对 if 语句进行了扩展。如果 if 语句的条件为"假"，那么 else 语句中的代码将会执行。即"如果……，否则……"。

```
if(条件){
执行运算1;
}else{
执行运算2;
}
```

为了更好地理解 else 语句的用法，本例在前面范例的基础上进行了修改，代码如下：

```
float a = 20;
void setup()
{
  size(800, 600);
  background(200);
}
void draw()
{
  ellipseMode(CENTER);
  ellipse(400, 300, a, 1.5*a);
  a += 5;
  if (a <= 200) {
    fill(255, 0, 0);
  } else {
    fill(0, 255, 0);
  }
}
```

运行该代码 (sketch_309)，查看效果如图 3-11 所示。

扫码看效果

图 3-11

在本例程序中，变量 a 的初始值为 20，还会逐渐递增，在条件语句中，若 a 小于等于 200，则填充红色，否则填充绿色。显然 a 在变化的过程中，200 是红色和绿色的界限，因此呈现了逐渐变大的圆形由红色到绿色的切换。

程序中可以设置更多的 if 和 else 结构，它们可以连接在一起，形成一个长序列。一个 if 语句也可以嵌入另一个 if 语句中，进行更复杂的逻辑运算。

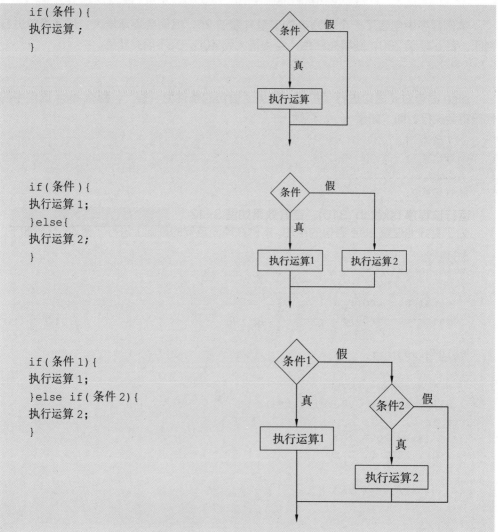

3.6　for 循环

在创作实践中，经常会需要将单一图形的代码进行多次复制并放置在不同的位置。但是由于复制后的图形坐标或大小需要发生变化，代码中要做出大量的修改，倘若每一行代码都要修改那就太麻烦了。例如，绘制 8 个圆形，它们的位置和半径都发生梯次的变化。输入代码如下：

```
void setup()
{
  size(800, 600);
  background(200);
}
void draw()
{
  circle(50, 300, 20);
  circle(150,300,30);
  circle(250,300,40);
  circle(350,300,50);
  circle(450,300,60);
  circle(550,300,70);
  circle(650,300,80);
  circle(750,300,90);
}
```

运行该程序 (sketch_310)，查看效果如图 3-12 所示。

本例绘制了 8 个圆形，在 draw( ) 函数中分别写入了 8 段代码来描述这些圆的位置和直径。无论是一行行编写还是复制、粘贴代码，这个过程都非常枯燥乏味。如果使用 for 循环来完成这项工作，只需一行代码便能够多次执行，从而绘制出多个重复的图形。这样做也能让程序看起来更加有秩序，修改起来更方便。修改后的代码如下：

图 3-12

```
float a = 20;
void setup()
{
  size(800, 600);
  background(200);
}
void draw()
{
  float x = 50;
```

```
    float r = 20;
    for (int i=1; i<=8; i++) {
      circle(x, 300, r);
      x = x + 100;
      r = r + 10;
    }
}
```

运行该程序 (sketch_311), 查看效果如图 3-13 所示。

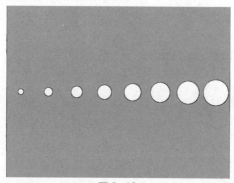

图 3-13

可以看到, for 循环的基本结构如下:

```
for( 变量的初始化；变量比较；计数 ) {
  绘制函数或运算；
}
```

for 后面紧跟的圆括号中包含三条用分号隔开的语句, 它们决定了花括号中代码循环运行的次数。这三条语句依次被称为变量初始化、变量比较和计数。

首先, 变量初始化会创建变量并进行初始化赋值。比如, 变量初始化创建的变量名称为 i 并赋值 1。这里的 i 并没有什么特殊的含义, 也可以定义为 a、b、c 或者其他单词。

接下来, 变量比较会判断此变量的当前值与比较值是否符合设定的条件, 如果符合, 那么执行花括号内的运算。比如, 变量比较 i<=8, 它是一个关系表达式, 判断变量 i 的值是否小于等于 8, 如果条件满足, 那么就执行绘制圆形的函数及其他运算。

最后, 每当执行完花括号内的运算, 计数便会更改变量的值, 之后再重复进行变量比较过程, 让更新后的变量值与比较值再次进行比较。

使用 for 循环最大的好处是能够快速更改代码参数并获得不一样的效果。它与一行行地更改参数相比, 显然会大大提高效率。在上面范例的基础上稍微修改一下代码, 整个画面效果便截然不同。修改代码如下:

```
float a = 20;
void setup()
{
  size(800, 600);
```

```
      background(200);
  }
  void draw()
  {
    float x = 50;
    float r = 100;
    for (int i = 1; i <= 12; i++) {
      circle(x, 300, r);
      x = x + 80;
      r = r - 10;
    }
  }
```

运行该程序 (sketch_312)，查看效果如
图 3-14 所示。

当一个循环中嵌入另一个循环时，重复的
次数将成倍增加。比如下面的代码：

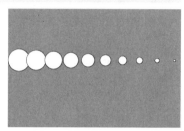

图 3-14

```
float a = 20;
void setup()
{
  size(640, 320);
  background(200);
  strokeWeight(6);
  fill(180,5,5);
}
void draw()
{
  for (float x = 0; x <=width; x += 40) {
    for(float y = 0;y <= height;y += 40){
      rect(x, y, 40, 40);
    }
  }
}
```

图 3-15

运行该程序 (sketch_313)，查看效果如
图 3-15 所示。

对于许多重复的视觉效果，循环嵌套无疑
是一个不错的方法。当使用 for 循环嵌套时，
只有内层的 for 循环结束后，才会跳转到外层
循环进行运算。比如，在上一个范例中要先执

行 x 层的 for 循环，若 x 满足条件则执行 y 层的 for 循环，若 y 满足条件，则再执行圆形的绘制。圆形绘制完成后，首先进行 y 的递增，然后判断 y 是否满足条件，若满足，则继续绘制圆形，若不满足，则会跳回到上一层进行 x 的递增，并判断 x 是否满足条件，若满足，则将重新进入 y 层循环，若不满足，则所有循环结束。

尝试理解 for 循环嵌套并使用这种方法发挥想象力做出更多有意思的图形。输入代码如下：

```
void setup()
{
  size(640, 320);
  background(200);
  noFill();
}
void draw()
{
  for (float x = 0; x <= width; x += 30) {
    for(float y = 0; y <= height; y += 30){
      circle(x, y, 80);
    }
  }
}
```

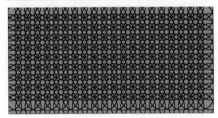

图 3-16

运行该程序 (sketch_314)，查看效果如图 3-16 所示。

我们再创建一个渐变效果，输入代码如下：

```
void setup()
{
  size(600, 600);
  background(200);
}
void draw()
{
  for (float x = 0; x <= width; x += 20) {
    for(float y = 0; y <= height;y += 20) {
      fill(x/width*255,y/height*255,0);
      rect(x, y, 20, 20);
    }
  }
}
```

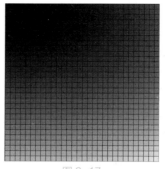

扫码看效果

运行该程序 (sketch_315)，查看效果如图 3-17 所示。

除了上面的渐变效果，也可以绘制随机的图案效果。输入代码如下：

图 3-17

```
void setup()
{
  size(600, 600);
  background(200);
  rectMode(CENTER);
  colorMode(HSB,360,100,100);
}
void draw()
{
  for (float x = 0; x <= width; x += 60) {
    for (float y = 0; y <= height; y += 60) {
      stroke(random(360), 100, 100);
      fill(random(360), 100, 100);
      rect(x, y, random(100), random(100));
    }
  }
}
```

运行该程序 (sketch_316)，查看效果如图 3-18 所示。

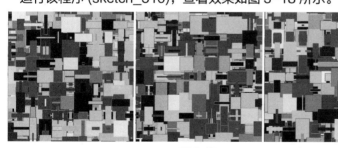

扫码看效果

图 3-18

3.7　注释

前面已经多次使用双斜杠 (//) 添加代码注释。程序在运行时，双斜杠后面的文字计算机会自动忽略，在双斜杠后面可以随意编写任何字符。对重要代码进行含义注释，非常有利于编写程序，尤其是在代码很长的情况下，它能够快速、有效地帮助非代码作者理解代码编写的过程和含义。

注释还有另一个用处，是当想禁用其中某一行代码但又不想删除它时，可以直接在这一行的开头添加双斜杠，若想重新启用这一行代码，则只需将双斜杠删除即可。

```
void setup()
{
  size(600, 600);
 // background(200);
 // rectMode(CENTER);
  colorMode(HSB,360,100,100);
}
void draw()
{
  for (float x = 0; x <= width; x += 60) {
    for (float y = 0; y <= height; y += 60) {
      stroke(random(360), 100, 100);
      fill(random(360), 100, 100);
      rect(x, y, random(100), random(100));
    }
  }
}
```

运行该程序 (sketch_317)，查看效果如图 3-19 所示。

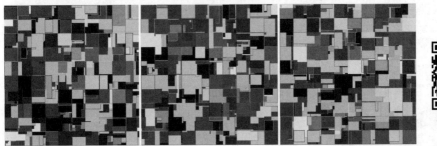

扫码看效果

图 3-19

3.8 映射

map 映射函数是使用频率非常高的函数，它的作用是将某一区间当中的值映射到另一个区间。例如，想要实现在 600 像素宽度的画布中通过鼠标指针 x 轴的位置改变画布背景颜色的效果，就可以使用 map 函数来实现。mouseX 值的取值范围为从 0 到 600，而颜色阈值为从 0 到 255。因此，使用 map 函数能将 mouseX 的值从 0 至 600

区间映射到 0 至 255 区间。

```
void setup()
{
  size(600, 600);
}
void draw()
{
 float col = map(mouseX,0,600,0,255);
 background(col,col-50,col+50);
}
```

运行该程序 (sketch_318)，查看效果如图 3-20 所示。

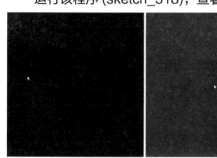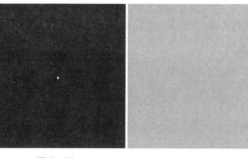

扫码看效果

图 3-20

程序运行后，鼠标从画布左侧移动到右侧的过程中，背景颜色发生相应的变化。

map(value,Min,Max,newMin,newMax) 函数可以将变量从一个数值范围映射到另一个数值范围，它有 5 个参数，第一个参数是将要转换的变量，第二个和第三个参数是该变量原本区间的最低值和最高值，第四个和第五个参数是该变量映射后区间的最低值与最高值。

3.9　扩展练习

```
int actRandomSeed;                          // 定义随机种子变量
int count = 150;                            // 定义小圆点数量
void setup() {
  size(800,600);
  cursor(CROSS);                            // 光标显示十字形
  actRandomSeed = (int) random(1000);       // 变量赋值
}
void draw() {
  background(255);
  noStroke();
  float faderX = (float)mouseX/width;       // 光标位置与屏幕宽度的比例
  randomSeed(actRandomSeed);                // 随机函数
```

```
    float angle = radians(360/float(count));
    for (int i=0; i<count; i++){                    // 循环语句
      float randomX = random(0,width);              // 随机坐标
      float randomY = random(0,height);
      float circleX = width/2 + cos(angle*i)*300;   // 圆形路径坐标
      float circleY = height/2 + sin(angle*i)*300;
      float x = lerp(randomX,circleX, faderX);      //lerp 函数，赋值小圆点坐标
      float y = lerp(randomY,circleY, faderX);
      fill(0,130,164);
      ellipse(x,y,11,11);
    }
  }
```

运行该程序 (sketch_319)，查看效果如图 3-21 所示。

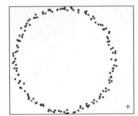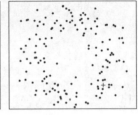

扫码看效果

图 3-21

第4章

动画与几何变换

运动包含了基本的变换、旋转和缩放，通过相关变量的递增或递减轻松完成。在现实世界中，并非所有运动都是线性匀速地平移或旋转，往往大多数的运动是不规则的，在 Processing 中可以通过 random( ) 函数和 noise( ) 函数产生随机数值，模拟现实世界中不可预测的行为，而使用缓动技术可创建更加流畅、自然的动作。

4.1 移动

本节通过线性改变物体坐标的位置来获得图像移动的效果。下面的程序就是通过更新变量 x 使圆形从屏幕左侧移动到屏幕右侧。输入代码如下：

```
float x;                        // 创建横向坐标变量
void setup()
{
  size(800, 600);
}
float x;                        // 创建横向坐标变量
void setup()
{
  background(0);
```

```
circle(x, 300, 100);
x = x+10;                              // 横向坐标变量递增 10 像素
}
```

运行该程序 (sketch_401)，查看效果如图 4-1 所示。

图 4-1

运行一段时间之后，变量 x 的值就会大于画布的宽度，圆圈最终从画面中消失。接下来在这个基础上实现圆圈消失后重新回到屏幕左侧的效果。修改代码如下：

```
float x;
void setup()
{
  size(800, 600);
}
void draw()
{
  background(0);
  circle(x, 300, 100);
  x = x+10;
// 圆圈移动到右端之后返回左端
  if(x >= width){
    x = 0;
  }
}
```

运行该程序 (sketch_402)，查看效果如图 4-2 所示。

图 4-2

因为每次运行 draw 函数的代码都会检测 x 的数值（圆心）是否超过了画布宽度，当圆圈的中心移出了屏幕，圆形就消失了，而实际情况应该是检测圆形的边缘移出屏幕时圆形才消失。因此，要修改检测 x 的数值（圆心）是否超过了画布宽度加圆形自身半径之和的数值。修改代码如下：

```
void setup()
{
  size(800, 600);
}
void draw()
{
  background(0);
  circle(x, 300, 100);
  x = x+10;
  if (x >= width+50) {          // 检测 x 的数值是否超过了画布宽度加圆形半径之和
    x = -50;
  }
}
```

这种重复环绕的运动方式可以有多种做法，读者做完这个范例也可以尝试用其他方法实现。

我们继续将上面的范例进行扩展，使圆圈碰到屏幕边缘时可以改变运动方向，形成反弹的效果。我们不妨创建一个速度变量 speed，修改代码如下：

```
float x = 50;
float speed = 5;
void setup()
{
  size(800, 600);
}
void draw()
{
  background(0);
  x += speed;
  if (x >= width-50||x <= 50) {
    speed = -speed;
  }
  circle(x, 300, 100);
}
```

运行该程序 (sketch_403)，查看效果如图 4-3 所示。

图 4-3

speed 值的正负代表了圆形运动的方向，我们通过反转 speed 的正负值可以实现圆形在屏幕上的反弹效果。

4.2 函数

在学习图形的旋转函数之前，需要先了解三角函数，正弦余弦曲线是做图形旋转的基础。首先了解一下正弦曲线与角度的关系。输入代码如下：

```
float angle = 0;                                    // 创建一个角度变量
void setup()
{
  size(400, 240);
}
void draw()
{
  float sinVal = sin(radians(angle));
  //sin 函数的参数使用弧度计算，因此需使用 radians 函数将角度转换为弧度
  sinVal = map(sinVal, -1, 1, 0, 360/PI);
point(angle, sinVal);
  if (angle<360) {
    angle += 1;
  }
}
```

运行该程序 (sketch_404)，查看效果如图 4-4 所示。

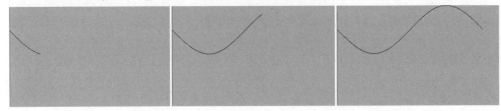

图 4-4

processing 的 sin( ) 和 cos( ) 函数返回指定角度的正弦或余弦数值，该数值在 −1 至 1 之间。为了能够将图形表现出来，sin( ) 和 cos( ) 函数返回的浮点值通常要乘以一个较大的值进行区间放大，或者使用 map 函数将 −1 至 1 区间的数值映射到使用的数值区间。

下面我们再来看看余弦曲线。输入代码如下：

```
float angle = 0.0;
void setup()
{
  size(720, 480);
  smooth();
}
void draw()
```

```
{
  float cosVal = cos(radians(angle));
  cosVal = map(cosVal, -1, 1, 0, 360/PI);
  ellipse(angle, cosVal+160, 20, 20);
  if (angle<720) {
    angle += 6;
  }
}
```

运行该程序 (sketch_405)，查看效果如图 4-5 所示。

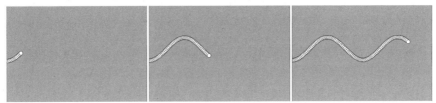

图 4-5

　　现在我们已经看到了正弦曲线和余弦曲线
的图像，会发现它们和中学课堂上学习过的图
像是相反的。这是因为在直角坐标系中，y 轴
的正方向朝上，而屏幕坐标系中 y 轴的正方向
朝下，所以绘制出来的正、余弦曲线在 y 方向
上是翻转的。

　　理解正余弦函数后，就可以尝试实现圆周
运动了。想让图像围绕着某一点旋转，需要使
用三角函数找到圆周上某一点与原点的关系，
如图 4-6 所示。

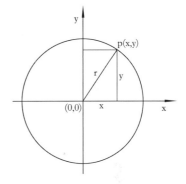

图 4-6

　　根据上图使用 sin( ) 和 cos( ) 函数可以表达出以 r 为半径的圆周上任意一点位置与
角度的关系。圆周上某一点与原点坐标连线所形成夹角的 cos 值乘以半径可获得这点的
x 坐标，而该夹角 sin 值乘以半径可以获得这点的 y 坐标。如果将夹角数值增大或减小，
那么可以得到一个在圆周上运动的坐标点。输入代码如下：

```
float angle = 0.0;
float r = 200;
void setup()
{
  size(600, 600);
  background(200);
}
void draw()
{
  stroke(255-angle);
  float x = width/2+cos(angle)*(r-angle);
  float y = height/2+sin(angle)*(r-angle);
```

```
line(width/2, height/2, x, y);
angle += 0.02;
}
```

运行该程序 (sketch_406)，查看效果如图 4-7 所示。

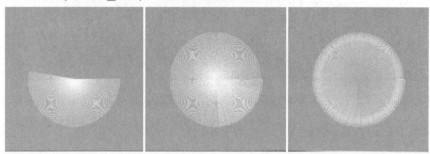

图 4-7

4.3 随机

在真实世界中，并非所有的运动都是线性匀速地平移或旋转，往往大多数的运动是不规则的。例如，从树上飘落到地上的树叶或在石子路上颠簸行驶的汽车，它们的运动具有随机性。processing 可以通过产生随机数值模拟现实世界不可预测的行为，random( ) 函数和 noise( ) 函数可以生成这些数值。

下面几行简短的代码可以输出随机数值并显示在控制台上。输入代码如下：

```
void setup()
{
  size(600, 600);
}
void draw()
{
  float x = random(0,20);
  println(x);
}
```

图 4-8

运行该程序 (sketch_407)，在控制台可以查看 x 的随机数值，如图 4-8 所示。

random( ) 函数可以设置一个或两个参数。在仅有一个参数的情况下，随机从 0 至这个参数之间获取任意浮点数值；在有两个参数的情况下，随机获取这两个参数之间的任意浮点数值。如果要获得整数，也可以取整，输入代码如下：

```
void setup()
{
  size(600, 600);
}
void draw()
{
  int x = int(random(0,20));
  println(x);
}
```

运行该程序 (sketch_408)，可以查看控制台显示的数值都是整数，如图 4-9 所示。

图 4-9

结合前面学过的三角函数知识，使用直线函数绘制一个中心在屏幕中心，半径呈随机分布的图形。输入代码如下：

```
float angle = 0;
void setup()
{
  size(600, 600);
  colorMode(HSB, 360, 100, 100);
}
void draw()
{
  strokeWeight(3);
  stroke(random(360), 100, 100);
  float r = random(50, 300);
  for (angle = 0; angle <= 3600; angle += 5) {
    float x = width/2+cos(radians(angle))*r;
    float y = height/2+sin(radians(angle))*r;
    line(width/2, height/2, x, y);
  }
}
```

运行该程序 (sketch_409)，查看效果如图 4-10 所示。

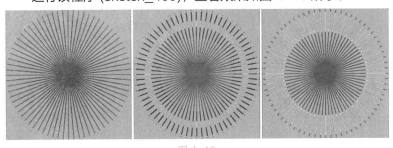

图 4-10

扫码看效果

draw( ) 函数每次运行都会随机改变圆形的位置。输入代码如下：

```
float speed = 5.0;
float x;
float y;
void setup()
{
  size(600, 600);
  background(200);
  x = width/2;
  y = height/2;
}
void draw()
{
  x += random(-speed, speed);
  y += random(-speed, speed);
  circle(x, y, 30);
}
```

运行该程序 (sketch_410)，查看效果如图 4-11 所示。

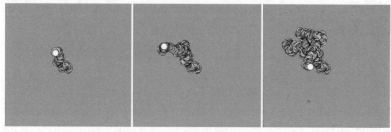

图 4-11

如果上面的范例运行的时间足够长，圆形可能会到画布外面并且再也回不来了。因此，需要添加一些限制条件或者使用 constrain( ) 函数，将位置变量限制在特定的范围内。输入代码如下：

```
float speed = 5.0;
float x;
float y;
float c = 0;
void setup()
{
  size(600, 600);
  background(200);
  colorMode(HSB, 360, 100, 100);
  noStroke();
  x = width/2;
  y = height/2;
}
void draw()
{
```

```
c += 1;
// 限定变量 c 的最大值
if (c >= 360) {
  c = 0;
}
x += random(-speed, speed);
y += random(-speed, speed);
x = constrain(x, 0, width);       // 限定变量 x 的数值在 0 和宽度区间
y = constrain(y, 0, height);      // 限定变量 y 的数值在 0 和高度区间
fill(c, 100, 100);
circle(x, y, 50);
}
```

运行该程序 (sketch_411)，查看效果如图 4-12 所示。

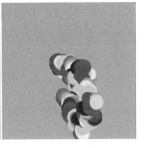

扫码看效果

图 4-12

除了使用 random( ) 函数生成随机数值，还可以使用 noise( ) 函数生成随机数值。下面通过绘制一个使用 random 和 noise 函数在同等 x 轴坐标值偏移的情况下，随机 y 轴坐标值所形成的图形，对比说明 random 函数与 noise 函数的区别。

首先创建 random 随机图形，输入代码如下：

```
float x,y;
void setup(){
  size(600,400);
}
void draw(){
  x = x +1;
  y = random(0,400);
  circle(x,y,5);
}
```

运行该程序 (sketch_412)，查看效果如图 4-13 所示。

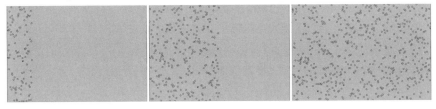

图 4-13

然后再创建 noise 随机图形，输入代码如下：

```
float x,y;
float ty = 0;
void setup(){
  size(600,400);
}
void draw(){
  x = x + 1;
  y = noise(ty);
  y = map(y,0,1,0,400);
  ty += 0.01;
  circle(x,y,5);
}
```

运行该程序 (sketch_413)，查看效果如图 4-14 所示。

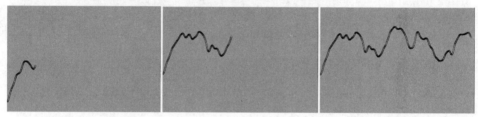

图 4-14

对比两个图形可以清晰地看出，random 函数图中的小圆呈分散状态分布，而 noise 函数呈现的图形更加平滑且具有一定的规律性。

noise 函数也称噪波函数，它是一种随机序列，与 random 函数相比，它产生的随机数值更自然且有序。其算法称为"Perlin Noise"，是肯·柏林 (Ken Perlin) 在 20 世纪 80 年代初期发明的，经常用于在图形应用程序中生成纹理、形状和地形。noise 函数形成的噪波图形非常像音频信号，类似于物理学中的谐波。

noise 函数根据所给的参数可以生成一维、二维和三维噪波，其值从 0 至 1 随机分布。因此，noise 函数经常与 map 函数一起使用，目的是将随机的 0 至 1 的数值映射到需要的数值区间中。输入代码如下：

```
float tx,ty,c;
void setup(){
  size(600,400);
}
void draw(){
  background(0);
  tx = 0;
  for(float x = 0;x < width;x++){
    ty = 0;
    for(float y = 0;y < height;y++){
      c=noise(tx,ty)*255;
      ty += 0.1;
```

```
    stroke(c);
    point(x,y);
    }
    tx += 0.1;
  }
}
```

运行该程序 (sketch_414)，查看二维噪波生成的烟雾效果，如图 4-15 所示。

在上面案例的基础上加入 noise 函数的第三个参数，使生成的二维噪波纹理随着时间的递增，色彩区域有规律地变化。修改代码如下：

图 4-15

```
float tx, ty, c;
float tz = 0;
void setup() {
  size(600, 400);
  colorMode(HSB, 360, 100, 100);
  noStroke();
}
void draw() {
  background(0);
  tx = 100;
  for (float x = 0; x < width; x += 10) {
    ty = 100;
    for (float y = 0; y < height; y++) {
      c=noise(tx, ty, tz)*50;
      ty += 0.1;
      fill(c, 100, 100);
      rect(x, y, map(c, 0, 50, 0, 10), map(c, 0, 50, 0, 10));
    }
    tx += 0.1;
    tz += 0.001;
  }
}
```

运行该程序 (sketch_415)，查看效果如图 4-16 所示。

 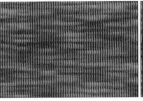 

扫码看效果

图 4-16

4.4　平移

　　想要移动一个物体有多种方法，前面通过更改图形自身位置坐标的方法实现了移动，本节将学习如何使用变换函数更改整个画布的坐标系位置来完成图形的平移。通过修改坐标系位置，除了可以实现平移，还可以对图形进行旋转和缩放等图形变换。

　　由于平移函数 translate 非常直观，因此本节通过该函数的应用讲解移动方法。输入代码如下：

```
float x = 200;
float y = 100;
void setup() {
  size(600, 400);
}
void draw() {
  if (keyPressed == true) {
    if (keyCode == 37) {            // 若按下左箭头，则 x 递减
      x -= 2;
    } else if (keyCode == 39) {     // 若按下右箭头，则 x 递增
      x += 2;
    } else if (keyCode == 38) {     // 若按下上箭头，则 y 递减
      y -= 2;
    } else if (keyCode == 40) {     // 若按下下箭头，则 y 递增
      y += 2;
    }
  }
  translate(x, y);
  rect(0, 0, 50, 50);
}
```

运行该程序 (sketch_416)，查看效果如图 4-17 所示。

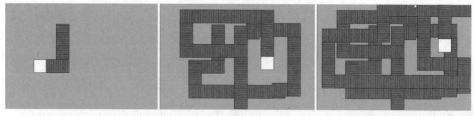

图 4-17

　　虽然在本例中绘制的效果与改变矩形坐标的效果没有区别，但它们实现的原理却不一样。改变矩形坐标是将变化的变量 x、y 作为矩形绘制的位置参数，而本例中将画布坐标原点设置为 x、y，矩形始终绘制在画布坐标原点的位置。

4.5　旋转

rotate 函数可以旋转整体画布坐标系，它的参数用于设置旋转角度，该参数也是以弧度制进行计算的。

绘制旋转的图形，应先编写 rotate 函数设置旋转角度，再编写图形绘制函数。输入代码如下：

```
float angle = 0;
void setup() {
  size(600, 400);
}
void draw() {
  rotate(radians(angle));
  rect(0,0,200,200);
  angle++;
}
```

运行该程序 (sketch_417)，查看效果如图 4-18 所示。

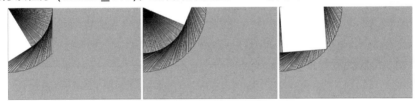

图 4-18

矩形一直围绕着画布坐标原点（矩形左上角）旋转，如果没有将角度转换成弧度，图形的效果是不一样的。修改代码如下：

```
float angle=0;
void setup() {
  size(600, 400);
}
void draw() {
  rotate(angle);
  rect(0,0,200,200);
  angle++;
}
```

运行该程序 (sketch_418)，查看效果如图 4-19 所示。

图 4-19

接下来使用 translate 函数将画布坐标原点移动到屏幕中心再执行 rotate 函数。修改代码如下：

```
float a=0;
void setup() {
  size(600, 400);
}
void draw() {
  translate(300,200);      // 移动画布坐标原点
  rotate(radians(a));
  rect(0,0,200,200);
  a++;
}
```

运行该程序 (sketch_419)，查看效果如图 4-20 所示。

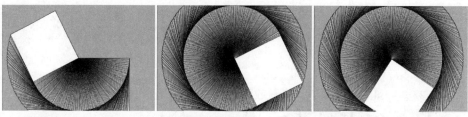

图 4-20

先移动坐标系，还是先旋转坐标系，这两个函数的编写顺序不同，所呈现的效果是截然不同的。修改代码如下：

```
float a=0;
void setup() {
  size(600, 400);
}
void draw() {
  rotate(radians(a));
  translate(300,200);
  rect(0,0,200,200);
  a++;
}
```

运行该程序 (sketch_420)，对比效果，如图 4-21 所示。

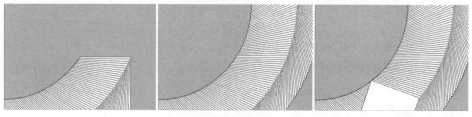

图 4-21

4.6　缩放

scale 函数可以拉伸画布的坐标系，图形会随着坐标系而缩放。将 scale 函数的参数值设置为 5，相当于放大坐标系的 500%；参数值设置为 0.5，相当于缩小到坐标系的 50%。输入代码如下：

```
void setup() {
  size(600, 400);
  rectMode(CENTER);
  background(0);
}
void draw() {
  translate(300, 200);
  scale(map(mouseX, 0, 600, 0, 3));
  rect(0, 0, 100, 100);
}
```

运行该程序 (sketch_421)，查看效果如图 4-22 所示。

图 4-22

本例使用 map 函数将鼠标指针的 x 轴坐标数值从 0 至 600 区间映射到 0 至 3 区间，然后赋给 scale 函数的参数，绘制的矩形会根据鼠标指针 x 轴的位置进行从 0 至 300% 的放大变化。

如果在项目中同时出现了平移、旋转和缩放函数，那么需要注意它们的编写顺序。通常都是先平移，然后才是旋转和缩放。输入代码如下：

```
float a=0;
void setup() {
  size(600, 400);
  background(0);
}
void draw() {
  a += 0.1;
  translate(mouseX, mouseY);
  rotate(a);
  scale(map(mouseX, 0, 600, 0, 1));
  rect(0, 0, 100, 100);
}
```

运行该程序 (sketch_422)，查看效果如图 4-23 所示。

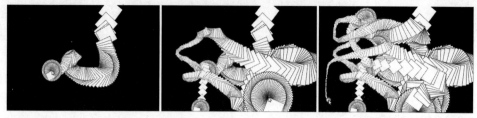

图 4-23

4.7 隔离

因为程序是从上面的代码开始向下执行的，前面的几何变换函数会对后面的图形产生影响，如果希望将一些几何变换函数隔离开，可以使用 push 和 pop 函数实现。当 push 函数运行时，它会保存当前坐标系和绘图样式，在 pop 函数运行后再恢复。在某些项目中，有些图形需要变换，而有些图形不需要变换，使用 push 和 pop 函数就能完成这个效果。输入代码如下：

```
float a=0;
void setup() {
  size(600, 400);
  background(255);
}
void draw() {
  background(255, 10);
  a += 0.1;
  noFill();
  push();
  stroke(0);
  translate(300, 200);
  rotate(a);
  translate(-100, -100);
  rect(0, 0, 200, 200);
  pop();
  push();
  stroke(0, 50);
  translate(300, 200);
  scale(random(5));
  ellipse(0, 0, 40, 40);
  pop();
}
```

运行该程序 (sketch_423)，查看效果如图 4-24 所示。

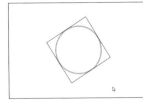 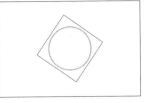 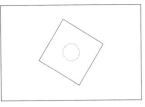

图 4-24

如果修改代码，将绘制矩形的 push( ) 和 pop( ) 注释去掉，让我们再看看图形的效果。

```
float a=0;
void setup() {
  size(600, 400);
  background(255);
}
void draw() {
  background(255, 10);
  a += 0.1;
  noFill();
  //push();
  stroke(0);
  translate(300, 200);
  rotate(a);
  translate(-100, -100);
  rect(0, 0, 200, 200);
  //pop();
  push();
  stroke(0, 50);
  translate(300, 200);
  scale(random(5));
  ellipse(0, 0, 40, 40);
  pop();
}
```

运行该程序 (sketch_424)，查看效果如图 4-25 所示。

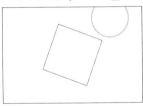 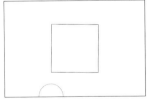 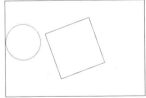

图 4-25

可见，绘制的圆形并不在画面的中心，因为前面的 translate( ) 函数对它也存在影响。而在上一案例中，因为使用了 push( ) 和 pop( ) 函数，圆形并未受到前面画布坐标的影响。

4.8　缓动

前面的示例中通过鼠标的移动带动图形的位置变化，都是很直接的，而有时候需要光标的跟随更轻松，稍晚于鼠标一点，从而创建更加流畅自然的动作，这个技术称为缓动 (easing)。使用 easing 得到两个值，当前的值和向前运动的值。输入代码如下：

```
float x = 300;                    // 初始位置
float y = 200;
float easing = 0.02;             // 定义缓动因子

void setup(){
 size(600, 400);
}

void draw(){
  background(255);
 float diffX = mouseX-x;          // 光标位置与当前图形位置的距离
 float diffY = mouseY-y;
 x += diffX*easing;
 y += diffY*easing;
 fill(240,50,50);
 noStroke();
 ellipse(x,y,30,30);
}
```

运行该程序 (sketch_425)，移动鼠标，查看红色圆形跟随鼠标的运动效果，如图 4-26 所示。

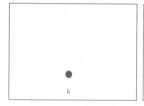  

扫码看效果

图 4-26

X 变量的值总是接近于 targetX，圆形只有在鼠标停止一会后才能位置重合，这个时间长短取决于 easing 的值，值越小，延迟就越大，值越大，延迟就越小，如果 easing 值为 1，也就不存在延迟了，圆形就直接跟着鼠标移动了。我们可以修改背景的代码，创建圆形的拖尾效果，这样会使延迟的效果更加明显。修改代码如下：

```
……
void draw(){
//background(255);
```

```
fill(255,6);
rect(0,0,width,height);
float diffX = mouseX-x;          // 光标位置与当前图形位置的距离
float diffY = mouseY-y;
x += diffX *easing;
y += diffY *easing;
fill(240,50,50);
noStroke();
ellipse(x,y,30,30);
}
```

运行该程序 (sketch_426)，移动鼠标，查看红色圆形跟随鼠标的运动拖尾效果，如图 4-27 所示。

扫码看效果

图 4-27

在理解 easing 的基础上，我们可以创建绘制光滑的线条。输入代码如下：

```
float x, y, px, py;
float easing = 0.08;

void setup() {
  size(600, 400);
  background(255);
}

void draw() {
  fill(255, 1);
  noStroke();
  rect(0, 0, width, height);
  float diffX = mouseX-x;          // 光标位置与当前图形位置的距离
  float diffY = mouseY-y;
  x += diffX *easing;
  y += diffY *easing;
  float weight = dist(x, y, px, py);    // 当前位置与前位置的距离
  stroke(0);
  strokeWeight(weight);
  line(x, y, px, py);
  px = x;
  py = y;
}
```

运行该程序 (sketch_427)，移动鼠标，查看圆形跟随鼠标的运动拖尾效果，如图 4-28 所示。

图 4-28

4.9   扩展练习

角度和弧度在动画中经常用到，将弧度转化成位置变换也是很常见的操作。下面的练习是将一个圆周运动和正弦线的绘制动画结合起来，读者可仔细阅读和分析代码。

```
int pointCount;
int freq = 1;
float phi = 0;
float angle;
float y;
void setup() {
  size(800, 400);
  smooth();
}
void draw() {
  background(255);
  stroke(0);
  strokeWeight(2);
  noFill();
  pointCount = width-250;
  translate(250, height/2);
  // 绘制震荡波形线
  beginShape();
  for (int i = 0; i <= pointCount; i++) {
    angle = map(i, 0,pointCount, 0,TWO_PI);
    y = sin(angle*freq + radians(phi));
    y = y * 100;
    vertex(i, y);
  }
  endShape();
```

```
    drawAnimation();                              // 执行函数
}
void drawAnimation() {                            // 创建函数
    float t = ((float)frameCount/pointCount) % 1;
    angle = map(t, 0,1, 0,TWO_PI);
    float x = cos(angle*freq + radians(phi));
    x = x*100 - 125;
    y = sin(angle*freq + radians(phi));
    y = y * 100;
    // 绘制圆形
    strokeWeight(1);
    ellipse(-125, 0, 200, 200);
    // 绘制浅灰色线段
    stroke(0, 128);
    line(0, -100, 0, 100);
    line(0, 0, pointCount, 0);
    line(-225, 0, -25, 0);
    line(-125, -100, -125, 100);
    line(x, y, -125, 0);
    // 绘制浅蓝色线段
    stroke(0, 130, 164);
    strokeWeight(2);
    line(t*pointCount, y, t*pointCount, 0);
    line(x, y, x, 0);

    float phiX = cos(radians(phi))*100-125;
    float phiY = sin(radians(phi))*100;
    // 绘制浅蓝色震荡值线段
    strokeWeight(1);
    stroke(0, 128);
    line(-125, 0, phiX, phiY);
    // 绘制震荡曲线上圆点
    stroke(255);
    strokeWeight(2);
fill(0,255,0);
    ellipse(0, phiY, 8, 8);
    ellipse(t*pointCount, y, 10, 10);
    // 绘制圆形上圆点
fill(255,0,0);
ellipse(phiX, phiY, 8, 8);
    ellipse(x, y, 10, 10);
}
```

运行该程序 (sketch_428)，查看效果如图 4-29 所示。

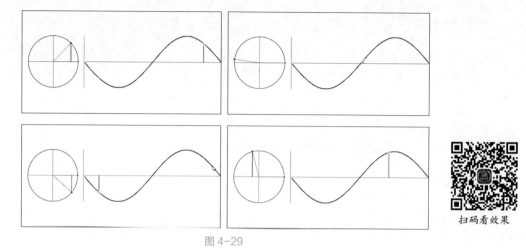

图 4-29

扫码看效果

第5章

函数和对象

函数是 Processing 程序的基本组成部分，每个函数都具有独立的功能，通过有机组合运用这些函数，可以构建复杂的程序系统。面向对象编程可以将函数和变量组合起来并建立比较容易理解的原型，将一个大的事物分解成多个部分，每个部分遵循既定的规律但又保留特殊性，这一点与自然界的事物非常相似。

5.1 函数

　　函数是 Processing 程序的基本组成部分。例如，经常使用的 size( ) 函数可以创建一定尺寸的画布，rect( ) 函数可以绘制矩形，fill( ) 函数可以设置颜色填充等，这些都称为系统函数。另外，在绘制一些复杂的形状或执行某些系统函数不具备的功能时也会创建自定义函数。例如，可以将前面编写好的绘制人脸的代码放入自定义的 BabyF 函数，然后快速绘制出很多卡通脸。

　　一个函数就是一个独立的单元，其功能通常是模块化的，每种类型的小模块都服务于特定的模型搭建，我们通过组合运用这些单元就可以构建更复杂的程序系统，而且可以用同一组元素构建出许多不同的形式。

　　一旦创建了函数，函数内的代码就不需要重新编写。计算机每次运行一个函数时都会跳转到创建函数的地方并执行函数内的代码，然后再跳回到运行函数的位置。输入代码如下：

```
void setup() {
  size(600, 400);                    // 创建画布尺寸
}
void draw() {
  fill(200, 50, 50);                 // 设置填充颜色
  translate(200, 50);                // 画布移动
  colorRect();                       // 执行绘制矩形函数
  translate(0, 150);                 // 画布移动
  colorRect();                       // 执行绘制矩形函数
}
void colorRect()                     // 创建绘制矩形函数
{
  rect(0, 0, 200, 100);              // 绘制矩形
}
```

运行该程序(sketch_501)，查看效果如图 5-1 所示。

我们用前面创建卡通脸的程序，经过修改，创建自定义函数 BabyF，绘制两个卡通脸。输入代码如下：

扫码看效果

图 5-1

```
void setup()
{
  size(800, 800);
  background(200);
}
void draw()
{
 scale(0.5);
 BabyF(100,100);                     // 执行 BabyF 函数
 BabyF(600,0);                       // 执行 BabyF 函数
}
void BabyF(float x,float y){         // 自定义函数
  translate(x,y);
  ellipseMode(CENTER);
  noStroke();
  // 脸庞
  fill(250,190,150);
  ellipse(400,400,540,640);
  ellipse(680,400,70,80);
  ellipse(120,400,70,80);
```

```
// 眼睛
fill(0);
circle(300,360,60);
circle(500,360,60);
fill(255);
circle(310,360,15);
circle(510,360,15);
// 红嘴
fill(230,8,50);
ellipse(400,560,340,160);
// 白牙
fill(250,250,240);
strokeWeight(12);
stroke(250,250,240);
strokeJoin(ROUND);
rect(360,550,30,50);
rect(405,550,20,40);
// 上唇
noStroke();
fill(250,190,150);
ellipse(400,500,400,160);
// 头发
noFill();
strokeWeight(2);
stroke(0);
bezier(320,90,240,60,200,130,280,170);
bezier(350,80,300,60,300,130,360,170);
bezier(400,80,350,30,300,130,500,180);
}
```

运行该程序 (sketch_502)，查看效果如图 5-2 所示。

创建了自定义函数，我们就可以更方便地循环绘制更多的图形。输入代码如下：

图 5-2

扫码看效果

```
void setup()
{
  size(800, 800);
  background(200);
  for(int i = 0;i < 800;i += 200){
```

```
    for(int j=0; j<600; j+=200){
    float s = random(0.1,0.5);        // 定义缩放变量
    float cor = random(50,250);       // 定义红色变量
    float cob = random(10,100);       // 定义蓝色变量
    BabyF(i,j,s,cor,cob);
    }
  }
}
void draw()
{

}
void BabyF(float x,float y,float s,float cor,float cob){    // 自定义函数
  push();
  translate(x,y);
  scale(s);
  ellipseMode(CENTER);
  noStroke();
  // 脸庞
  fill(250,190,150);
  ellipse(400,400,540,640);
  ellipse(680,400,70,80);
  ellipse(120,400,70,80);
  // 眼睛
  fill(0);
  circle(300,360,60);
  circle(500,360,60);
  fill(255);
  circle(310,360,15);
  circle(510,360,15);
  // 红嘴
  fill(cor,10,cob);
  ellipse(400,560,340,160);
  // 白牙
  fill(250,250,240);
  strokeWeight(12);
  stroke(250,250,240);
  strokeJoin(ROUND);
  rect(360,550,30,50);
  rect(405,550,20,40);
  // 上唇
  noStroke();
  fill(250,190,150);
  ellipse(400,500,400,160);
```

```
// 头发
noFill();
strokeWeight(2);
stroke(0);
bezier(320,90,240,60,200,130,280,170);
bezier(350,80,300,60,300,130,360,170);
bezier(400,80,350,30,300,130,500,180);
pop();
}
```

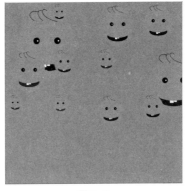

扫码看效果

　　运行该程序 (sketch_503)，查
看效果如图 5-3 所示。
　　函数除了可以进行计算，还可以
向主程序返回一个值。其实系统函数
中还有很多这种类型的函数。例如，
random 函数和 sin 函数都是具有返
回值的。使用具有返回值的函数时，
返回值通常都会被赋给变量。

图 5-3

```
float a;
float b;
a = random(0,20);
b = sin(a);
```

　　上面的代码中，random 函数会返回 0 至 20 的任意浮点数，然后将其值赋给变
量 a。sin 函数会返回 −1 至 1 的浮点数并将值赋给变量 b。具有返回值的函数也经
常作为另一个函数的参数。例如，将 random 函数的返回值作为绘制圆形的坐标，
代码如下：

```
circle(random(width),random(height),50);
```

　　若要创建具有返回值的函数，将 void 替换为要返回的数据类型，需要使用关键字
return 返回传递的数值，返回后的表达式的值将从函数中输出。输入代码如下：

```
void setup()
{
float a = average(12.6,8.0);            // 平均值
println(a);
}
float average(float num1,float num2){
float av = (num1+num2)/2.0;
return av;
}
```

　　运行该程序 (sketch_504)，查看控制台显示的数值，如图 5-4 所示。

图 5-4

函数也可以包含一行代码指向函数自身，即递归技术。它可以被简单地理解为当我们站在两面镜子之间时，会看到无穷尽的反射。在计算机程序中，递归意味着一个函数可以在自己的函数块内调用自身。不过为了避免这个调用一直持续下去，需要使用某种方法让函数退出。以下两个程序通过不同的方式得到相同的结果，第一个使用了 for 循环，第二个使用了递归。输入代码如下：

```
void setup()
{
  size(400, 400);
  drawLines(10, 30);
}
void drawLines(int x, int num) {
  for (int i = 0; i<num; num -= 1) {
    line(x, 20, x, 200);
    x += 10;
  }
}
```

运行该程序 (sketch_505)，查看效果如图 5-5 所示。

再输入代码如下：

```
void setup()
{
  size(400, 400);
  drawLines(10, 30);
}
void drawLines(int x, int num) {
  line(x, 20, x, 200);
  if (num>0) {
    drawLines(x+10, num-1);
  }
}
```

运行该程序 (sketch_506)，查看效果如图 5-6 所示。

应用递归的程序会使用更多的计算机资源，所以对于这种简单的计算，for 循环是更值得推荐的方法，但是递归带来了更多的可能性，比如二进制树结构（每个节点分出两个分支）。输入代码如下：

图 5-5

图 5-6

```
int x = 200;
int y = 200;
int a = 80;
int n = 4;
void setup()
{
  size(400, 400);
}
void draw() {
  background(200);
  drawTree(x, y, a, n);
}
void drawTree(int x, int y, int apex, int num) {
  line(x, y, x, y-apex);
  line(x-apex, y-apex, x+apex, y-apex);
  if (num>0) {
    drawTree(x-apex, y-apex, apex/2, num-1);
    drawTree(x+apex, y-apex, apex/2, num-1);
  }
}
```

运行该程序 (sketch_507)，查看效果如图 5-7 所示。

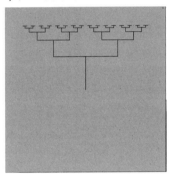

图 5-7

5.2　面向对象编程

　　面向对象编程是一种新的编程思考方式，对象是一种将变量和函数进行分类的方法。前面的章节已经讲解了处理函数和变量的基本方法，对象只是将它们组合起来，并建立一个比较容易理解的原型。对象的概念非常重要，它将一个大的事物分解成许多部分，每个部分遵循既定的规律但又存在特殊性，这一点与自然界的事物非常相似。例如，树叶和树干组成一棵树，很多棵树可以组成一大片森林，但是森林中不会存在一模一样的树。

　　如果实施一个大项目，代码会越写越复杂，这时将其分解成很多组成部分，编写成很多段较小的代码段，往往要比编写一部完整的大型代码段更容易理解和维护。因此，学习编程要从一些更小的结构开始，为完成更复杂的结构打好基础。

　　在对象的结构中，变量称为属性，函数称为方法。属性和方法的工作方式与前面讲解过的变量和函数是一样的，这里只是使用新术语来强调它们的作用。

　　相比之下，工业产品的属性和方法很容易创建，因为在创造这些事物的同时，就已经赋予了相应的属性和功能；而搭建生物体的属性和方法相对复杂，需要运用足够多的模型来进行模拟构建，可能会创建很多的属性和方法。例如，创建一个动态海报，其中的圆环元素应具有下面的基本属性和方法。

　　属性：元素名称、大小、填充颜色、透明度……

　　方法：移动、缩放、旋转、显现……

　　所有创建的属性和方法都是为了满足程序的需要。列出了属性和方法后，就可以创建对象了。

　　在创建一个对象前，需要先定义一个类。类是创建具有相似属性和方法的对象规范，通过它创建的每个实例对象的属性和方法类似但可以稍有不同。例如，同一款汽车可以生产成红色的，也可以生产成黑色的；一个汽车可能是 2.0 排量，而另一个汽车是 1.6T 排量，但汽车一定共有一些属性，比如有颜色的汽车壳、发动机、四个轮子、方向盘等。类的属性和方法要选择适合的变量名称进行命名，方法用于更改属性的值并实现一些功能。

　　定义一个类意味着创建一个独特的数据类型。与基本类型如 int、float、boolean 不同，类是一个类似于 String、Pimage 和 Pfont 的复合类型，也就是说，它可以在一个名称中包含多个变量和方法。当创建一个类时，先要想清楚这段代码要做什么事情，通常的做法是列出需要的变量（这些将称为域），然后指定它们各自的类型。

　　类的名称几乎可以用任何单词，可以参考变量的命名规范。然而，类名应该总是大写的，这有助于将 String 或 Pimage 这种类与如 int 和 boolean 小写的基本类型区分开。与变量一样，为类赋值与其目的相匹配的名称会有提示作用。

　　本节使用面向对象的方法创建一个黑色背景中有一个白色小圆的图像，但代码的编写方式不同。在第一个示例中，屏幕上有一个小圆，它需要两个字段保存位置。这些字段用了 float 型值，可以更灵活地控制圆的移动。小圆还需要一个尺寸，因此我们创建了 diameter 变量储存它的直径。

```
float x;                 // 圆的 x 坐标
float y;                 // 圆的 y 坐标
float diameter;          // 圆的直径
```

　　一旦类的域和名称选定，要考虑的便是不使用对象时如何编程。在下例中，圆的位置和直径是主程序的一部分。在这个示例中，这暂时不是问题，但是当圆的个数多了或者使用了复杂的运动，程序会变得越来越复杂。

```
float x = 35;
float y = 50;
float diameter = 30;
```

```
void setup() {
  size(400, 300);
  noStroke();
}
void draw() {
  background(0);
  ellipse(x, y, diameter, diameter);
}
```

运行该程序 (sketch_508)，查看效果如图 5-8 所示。

图 5-8

为了让代码更有效，下一个示例将每个圆的域移动到它们自己的类中。此例选择名称 Spot。程序第一行声明了 Spot 类型的对象 sp，Spot 类在 setup( ) 和 draw( ) 之后才定义。在 setup( ) 函数中，使用关键字 new 创建 sp 对象，之后可以访问和赋值其字段。接下来的三行便是为 Spot 的变量赋值，这些值在 draw( ) 中被读取，用于设置椭圆的位置和尺寸。输入代码如下：

```
Spot sp;
void setup() {
  size(400, 300);
  noStroke();
  sp = new Spot();
  sp.x = 35;
  sp.y = 50;
  sp.diameter = 30;
}
void draw() {
  background(0);
  ellipse(sp.x, sp.y, sp.diameter, sp.diameter);
}
class Spot {
  float x, y;
  float diameter;
}
```

图 5-9

运行该程序 (sketch_509)，查看效果如图 5-9 所示。

在接下来的示例中，会在前例的基础上给 Spot 类增加方法——迈出面向对象编程的一大步。我们将 display( ) 函数添加到类定义中，用来将元素绘制到屏幕上：

```
void dispaly()              // 在当前窗口绘制圆
```

在下列代码中，通过写入与对象的名称和与点运算符连接的函数名称，draw( )函数中最后一行运行 sp 对象的 display( ) 函数。注意代码与上一个代码中 ellipse 函数中参数的差异。在下面的代码中，对象的名称不用于访问变量 x、y 和 diameter，这是因为 ellipse( ) 函数是在 Spot 对象内部被调用的。这一行代码是对象的 display( ) 函数的一部分，因此它可以直接访问自己的变量，而不必指定对象的名称。输入代码如下：

```
Spot sp;
void setup() {
  size(400, 300);
  noStroke();
  sp = new Spot();
  sp.x = 35;
  sp.y = 50;
  sp.diameter = 30;
}
void draw() {
  background(0);
  sp.display();
}
class Spot {
  float x, y, diameter;
  void display() {
    ellipse(x, y, diameter, diameter);
  }
}
```

首先强调一下本例中 Spot 类与 sp 对象之间的区别。尽管这段代码让域 x、y、diameter 及方法 display( ) 看上去都属于 Spot 类，但这只是每个由它创建的对象的定义。这些元素都属于（并且被封装于）sp 变量，而 sp 变量是 Spot 数据类型的一个实例。

接下来的示例介绍一种新的编程元素，称为构造函数 (constructor)。构造函数是创建对象时被调用的代码块，其名称总与类名一致。它通常用于为一个对象的域赋值（如果没有构造函数，每个数字域的值被设为 0）。当创建 sp 对象时，构造函数中的参数 35、50 和 30 依次赋值给变量 xpos、ypos 和 dia。在构造函数内部，这些值则被赋予对象的域 x、y 和 diameter。变量必须在构造函数外声明，这样对象的每个方法才能访问它们。

提示：别忘记变量作用域的规则——如果在构造函数内部声明域，就无法在结构体外部访问这些域。

修改代码如下：

```
Spot sp;
void setup() {
```

```
    size(400, 300);
    noStroke();
    sp = new Spot(35, 50, 30);
}
void draw() {
    background(0);
    sp.display();
}
class Spot {
    float x, y, diameter;
    Spot(float xpos, float ypos, float dia) {
        x = xpos;
        y = ypos;
        diameter = dia;
    }
    void display() {
        ellipse(x, y, diameter, diameter);
    }
}
```

运行该程序 (sketch_510)，查看效果如图 5-10 所示。

Spot 类的行为可通过添加更多的方法及域的定义进行扩展。下面我们就扩展了该类，使之产生动画，使小圆在显示窗口中上下移动，当碰撞到顶部或底部时改变方向。由于小圆要移动，所以它需要一个设置速度的变量，此外由于它的方向会改变，还需要保存当前方向的变量。我们将这两个域命名为 speed(速度) 与

图 5-10

direction(方向)，既明确又简洁。speed 域是一个浮点值，设置速度的可能值范围更广，direction 域是 int 型的，可以方便地对其运动进行数学计算。

```
float speed ;            // 每帧移动的距离
int direction ;          // 运动方向，1 表示向上，-1 表示向下
```

为了实现预期的运动，我们需要在每一帧更新小圆的位置，在显示窗口边缘还需要改变运动方向，当小圆的边缘碰撞到窗口边缘时，方向就会改变。我们用关键字 void 确定移动的方法：

```
void move()              // 更新圆的位置和方向
```

move( ) 和 display( ) 方法中的代码可以合并在一个方法中，将它们分开写是为了让示例更加清晰。使用不同的方法，改变对象的位置与将它绘制在屏幕上的工作是分离的，这些变化允许每一个由 Spot 类创建的对象拥有自己的尺寸和位置，对象也会在屏幕中上下移动，在边缘处改变方向。输入代码如下：

```
Spot sp;
void setup() {
```

```
  size(400, 300);
  noStroke();
  sp = new Spot(35, 50, 30, 2);
}
void draw() {
  background(0);
  sp.move();
  sp.display();
}
class Spot {
  float x, y;
  float diameter;
  float speed;
  int direction = 1;
  // 构造函数
  Spot(float xpos, float ypos, float dia, float sp) {
    x = xpos;
    y = ypos;
    diameter = dia;
    speed = sp;
  }
  void move() {
    y += (speed*direction);
    if (y>(height-diameter/2)||y<diameter/2) {
      direction *= -1;
    }
  }
  void display() {
    ellipse(x, y, diameter, diameter);
  }
}
```

运行该程序 (sketch_511)，查看效果如图 5-11 所示。

图 5-11

只要类的接口保持一致，内部实现的代码可以更新、修改，而不影响使用该对象的程序。例如，只要该对象由 x 坐标、y 坐标和直径构建，且 move( ) 和 display( ) 的名称不变，Spot 内部的实际代码是可以改变的，这使得程序员可以改进单个对象的代码，而不影响整个程序。

　　正如其他类型的变量，附加的对象通过声明更多的名称加入一个程序中，使每个对象都有其特定的名称。下面的代码中有三个 Spot 类的对象，这些对象分别命名为 sp1、sp2 和 sp3，各自拥有一系列的域和方法。可以通过声明对象的名称，后面紧跟点操作符和方法的名称，运行每个对象的方法。例如，代码 sp1.move( ) 将调用 move( ) 方法，它是 sp1 对象的一部分。这些方法在运行时将访问对象中的成员变量。

```
Spot sp1, sp2, sp3;         // 声明对象
void setup() {
  size(400, 300);
  noStroke();
  sp1 = new Spot(200, 50, 30, 2);
  sp2 = new Spot(260, 50, 10, 1);
  sp3 = new Spot(120, 50, 40, 0.5);
}
void draw() {
  fill(0, 20);
  rect(0, 0, width, height);
  fill(255);
  sp1.move();
  sp2.move();
  sp3.move();
  sp1.display();
  sp2.display();
  sp3.display();
}
// 插入 Spot 类
```

运行该程序 (sketch_512)，查看效果如图 5-12 所示。

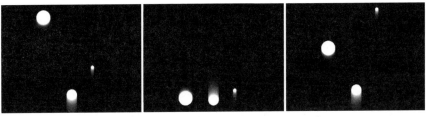

图 5-12

　　在之前编写的程序仅仅使用一个文件包含所有的代码，当程序长度逐渐增加时，单个文件便显得不方便，当逐渐出现成百上千行代码时，将程序分割成若干个单元有助于管理不同的部分。Processing 使用多个标签管理不同的文件单元。

　　在 PDE 工具栏下方，草图右上角的下三角按钮用于管理这些文件。单击下三角按钮▼，在弹出的菜单中有创建新标签、重命名当前标签和删除当前标签等命令。

　　为了看标签如何工作，把上一个示例的代码划分为多个文件，使得它更加模块化。先打开这段程序并重命名，然后单击下三角按钮▼，在弹出的菜单中选择【新建标签】命令，在弹出的命名对话框中输入"Spot"，单击【确定】按钮继续，现在草图文件夹中增添

了一个名为 Spot.pde 的新文件。选择菜单【速写本】→【打开程序目录】命令，将看到这个文件，如图 5-13 所示。

单击原来的标签，选择 Spot 类对应的文字，将它们剪切并粘贴到 Spot 标签内，保存草图，然后运行，将看到融合两个文件后的最终程序，如图 5-14 所示。

Spot.pde 可以被添加进任何文件夹，使得 Spot 类被其他程序访问。

图 5-13

图 5-14

5.3 提前下雪

上例中我们增加了三个下落的小圆，但如果想增加更多的小圆，则不能用这种方法，否则代码将会特别长。这一节之所以称为"提前下雪"，就是因为要提前介绍数组的概念。为了配合"下雪"这个名称，我们把函数和类的名称也一并修改。修改代码如下：

```
Snow[] snows = new Snow[500];      // 声明数组
void setup() {
  size(400, 300);
  noStroke();
  for (int i = 0; i<snows.length; i++) {
    Snow snow = new Snow(200, 50, 30, 2);
    snows[i] = snow;
  }
}
void draw() {
  fill(0);
  rect(0, 0, width, height);
  fill(255);
  for (int i = 0; i<snows.length; i++) {
    snows[i].move();
    snows[i].display();
  }
}
```

```
class Snow {
  float x, y;
  float diameter;
  float speed;
  int direction = 1;
  // 构造函数
  Snow(float xpos, float ypos, float dia, float sp) {
    x = xpos;
    y = ypos;
    diameter = dia;
    speed = sp;
  }
  void move() {
    y += (speed*direction);
    if (y>(height-diameter/2)||y<diameter/2) {
      direction * = -1;
    }
  }
  void display() {
    ellipse(x, y, diameter, diameter);
  }
}
```

运行该程序 (sketch_513)，查看效果如图 5-15 所示。

图 5-15

接下来简化一下类 Snow 的代码，如下：

```
class Snow {
  float x, y;
  float vx,vy;                    // 速度变量
  float diameter = 20;
  float t;
  int direction = 1;
  void move() {
    t += 0.02;
    x = x+vx*t;
    y = 9.8*t*t/2-vy*t;
  }
  void display() {
```

```
    ellipse(x, y, diameter, diameter);
  }
}
```

继续修改主程序，如下：

```
Snow[] snows = new Snow[500];        // 声明数组
void setup() {
  size(400, 300);
  noStroke();
  for (int i=0; i<snows.length; i++) {
    Snow snow = new Snow();
    snow.x = random(0,400);
    snow.y = 20;
    snow.vx = 0;                       // x方向初速度
    snow.vy = 0;                       // y方向初速度
    snow.t = 0.02;                     // 自由落下
    snows[i] = snow;
  }
}
void draw() {
  fill(0);
  rect(0, 0, width, height);
  fill(255);
  for (int i=0; i<snows.length; i++) {
    if(i<(frameCount/10)){
    snows[i].move();
    snows[i].display();
    }
  }
}
```

运行该程序 (sketch_514)，查看效果如图 5-16 所示。

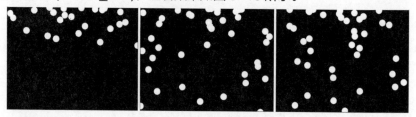

图 5-16

5.4 扩展练习

从效果来看，小圆点自由下落的效果还是不错的，接下来需要导入雪花图片，替代小圆点。修改程序如下：

```
PImage pic;                          // 声明变量
Snow[] snows = new Snow[500];        // 声明数组
void setup() {
  size(400, 300);
  pic=loadImage("snow.png");         // 导入图片
  noStroke();
……
```

再修改类 Snow 的代码如下：

```
……
void display() {
  image(pic,x,y,20,20);
// ellipse(x, y, diameter, diameter);
}
```

运行该程序 (sketch_515)，查看效果如图 5-17 所示。

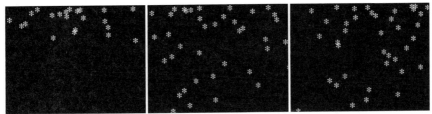

图 5-17

在这个基础上可以继续细化和美化，比如增加雪花的密度，改变雪花的大小，或者添加一个背景等，如图 5-18 所示。

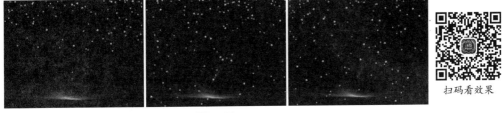

图 5-18

扫码看效果

第6章

数　组

数组可以包含任意类型的数据，有数字数组、字符数组、句子数组、布尔值数组等类型，并且每个元素都可以单独被赋值和读取。使用对象数组类似于使用其他数据类型的数组，但可以根据需要创建一个自定义类的多个实例，从而达到惊人的效果。

6.1　数组的概念

在计算机编程中，数组 (array) 是结构化的一组数或大量的数，数组是以相同名字存储的一系列数据元素。数组可以包含任意类型的数据，有数字数组、字符数组、句子数组、布尔值数组等类型，并且每个元素都可以单独被赋值和读取。

举例来说，某人在近十年的教学工作评选中获得优秀教师的年份为 (2014、2015、2017、2019 和 2020)，可以保存在一个数组中，而无须定义 5 个独立的变量。我们将该数组命名为 "dates"，并按顺序存储上述变量：

dates	2014	2015	2017	2019	2020
	[0]	[1]	[2]	[3]	[4]

数组元素的编号从零开始，第一个元素位于 [0]，第二个位于 [1]。以此类推，最后一个元素在数组中的位置偏移量是数组的长度减去 1，在这个示例中，因为数组共有 5

个元素，所以最后一个元素位于 [4]。

　　数组可以简化编程，对于管理数据而言是一种很有用的数据结构。下面就从一组坐标点开始，构建一幅条形图。

X	55	62	79	64	56	75	32	28	16	42
	[0]	[1]	[2]	[3]	[4]	[5]	[6]	[7]	[8]	[9]

　　下面的示例通过绘制条形图，演示了使用数组的一些优点。因为这幅条形图有 10 个数据点，将这些数据输入程序中，需要创建 10 个变量。

```
int x0 = 55;
int x1 = 62;
int x2 = 79;
int x3 = 64;
int x4 = 56;
int x5 = 75;
int x6 = 32;
int x7 = 28;
int x8 = 16;
int x9 = 42;
```

　　如果要使用一个数组，只需将数据元素按逻辑组合到一个数组中。输入代码如下：

```
Int [ ] x = {55,62,79,64,56,75,32,28,16,42};
```

　　如果不使用数组绘制，那么就需要 10 个变量存储数据，而且每个变量用于绘制一个单独的矩形，这种工作十分枯燥乏味。输入代码如下：

```
int x0 = 55;
int x1 = 62;
int x2 = 79;
int x3 = 64;
int x4 = 56;
int x5 = 75;
int x6 = 32;
int x7 = 28;
int x8 = 16;
int x9 = 42;
void setup(){
 size(300,200);
 background(255);
}
void draw(){
fill(0);
rect(0,0,x0,8);
rect(0,10,x1,8);
rect(0,20,x2,8);
rect(0,30,x3,8);
rect(0,40,x4,8);
rect(0,50,x5,8);
```

```
rect(0,60,x6,8);
rect(0,70,x7,8);
rect(0,80,x8,8);
rect(0,90,x9,8);
}
```

运行该程序 (sketch_601)，查看效果如图 6-1 所示。

下面的示例演示了如何在程序中使用数组，通过一个 for 循环，每一栏中的数据按顺序被访问。输入代码如下：

```
int[ ] x = {55,62,79,64,56,75,32,28,16,42};
void setup() {
  size(300, 200);
  background(255);
}
void draw() {
  fill(0);
  for (int i=0; i<x.length; i++) {
    rect(0, i*10, x[i], 8);
  }
}
```

运行该程序 (sketch_602)，查看效果如图 6-2 所示。

图 6-1

图 6-2

6.2 创建数组

数组的声明方法与其他数据类型相似，但要用方括号 "[ ]" 以示与其他类型的区别。当声明一个数组时，必须指定其存储的数据类型 (每个数组只能存储一种类型的数据)。在声明后，必须使用关键词 "new" 创建数组，就像创建对象那样。对数组进行声明、创建和赋值的方法有多种，下面说明这些方法之间的差异。

创建一个拥有 5 个元素的数组，并赋予数值 29，60，55，46，92。注意每种方法在对数组元素创建和复制时 setup( ) 的差别。

第一种方法：

```
int[ ] data;                        // 声明
void setup() {
```

```
  size(300, 200);
  data = new int[5];                      // 创建
  data[0] = 29;                           // 赋值
  data[1] = 60;
  data[2] = 55;
  data[3] = 46;
  data[4] = 92;
}
```

第二种方法：

```
int[ ] data = new int[5];                // 声明、创建
void setup() {
  size(300, 200);
  data[0] = 29;                          // 赋值
  data[1] = 60;
  data[2] = 55;
  data[3] = 46;
  data[4] = 92;
}
```

第三种方法：

```
int[ ] data = {29,60,55,46,92};          // 声明、创建、赋值
void setup() {
  size(300, 200);
}
```

定义数组数据时拥有极大的灵活性，虽然上面这三个示例分别以不同的方式定义数组，但它们都是等价的。有时程序要用到的所有数据在一开始就是已知的，可以立即赋值，而有的时候，数据是在代码运行时产生的，每个草图可以分别使用这些技术进行处理。数组也可以在那些不含有 setup( ) 和 draw( ) 函数的程序中使用，但声明、创建和赋值这三个步骤是必要的。

在定义数组并赋值之后，它的数据就可以被访问，并在代码里使用。使用数组变量名，后面跟着用方括号指出数组元素的位置，就能读取该数组元素的值了。

通常使用 for 循环访问数组元素，比如前面绘制的多条直线，使用了 for 循环可遍历数组中的每个数值。这种方式特别适合大型数组。

```
int[ ] data = {55,62,79,64,56,75,32,28,16,42};
for (int i=0; i<data.length; i++) {
  line(data[i], 0, data[i], 200);
}
```

也可以用 for 循环把数据放在一个数组中，它可以计算一系列的值，并把每个值赋给一个数组元素。例如，在 setup( ) 中将 sin( ) 函数的值存储在数组里，之后在 draw( ) 中将这些值设置为线的色彩。

```
float[] sineWave;                         // 声明
void setup() {
```

```
  size(600, 600);
  sineWave = new float[width];                       // 创建
  for (int i=0; i<sineWave.length; i++) {
    float r = map(i, 0, width, 0, TWO_PI);
    sineWave[i]=abs(sin(r));                          // 赋值
  }
}
void draw() {
  for (int i=0; i<sineWave.length; i++) {
  stroke(sineWave[i]*255);
    line(i, 0, i, height);
  }
}
```

图 6-3

运行该程序 (sketch_603)，查看效果如图 6-3 所示。

数组也可以存储，下面介绍一个使用数组存储鼠标数据的示例。

pmouseX 和 pmouseY 变量可以存储前一帧的鼠标坐标，但没有提供内置的方法定位前几帧的鼠标坐标。在每一帧中，mouseX、mouseY、pmouseX 和 pmouseY 变量的值会更新，而之前的值则会被丢弃。因此，创建数组是存储这些数值历史变化的最简单的方法。在下例中，最近 100 个 mouseY 的值被存储到一个数组中，并且在屏幕上显示为一条从左边缘到右边缘的直线。在每一帧中，数组中的数值向右移，而最新的数值则被加到数组头部。

```
int[] y;
void setup() {
  size(600, 600);
  y = new int[width];
}
void draw() {
  background(200);
  for (int i=y.length-1; i>0; i--) {
    y[i]=y[i-1];
  }
  y[0] = mouseY;
    for (int i=1; i<y.length; i++) {
      line(i, y[i], i-1, y[i-1]);
    }
}
```

运行该程序 (sketch_604)，查看效
果如图 6-4 所示。

使用相同的代码同时存储 mouseX
和 mouseY 的值，记录光标的位置，在每
帧中显示这些数值就可以创建出光标的轨
迹。输入代码如下：

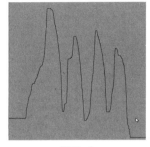

图 6-4

```
int num = 50;
int [] x = new int[num];
int [] y = new int[num];
void setup() {
  size(600, 400);
  noStroke();
  fill(255, 100);
}
void draw() {
  background(0);
  for (int i = num-1; i>0; i--) {
    x[i] = x[i-1];
    y[i] = y[i-1];
  }
  x[0] = mouseX;
  y[0] = mouseY;
  for (int i=0; i<num; i++) {
    ellipse(x[i], y[i],(num-i)/2, (num-i)/2);
  }
}
```

运行该程序 (sketch_605)，查看效果如图 6-5 所示。

图 6-5

6.3   对象数组

使用对象数组类似于使用其他数据类型的数组，但可以根据需要创建一个自定义类

Processing 创意编程与交互设计

的多个实例，从而产生惊人的效果。因为每个数组元素都是一个对象，必须要用关键字
new 对其进行创建之后才能使用。使用对象数组的步骤如下：

(1) 声明数组；

(2) 创建数组；

(3) 创建数组中的每个对象。

下面我们使用之前的 Spot 类，创建大量的小圆点下落拖尾的效果。变量值是在
setup( ) 函数中产生的，并通过对象的构造方法传递给每个数组元素。数组中的每个元
素具有唯一的 x 坐标、直径和速度值。因为对象的数量取决于显示窗口的宽度，在程序
得到这个宽度之前创建数组是不可能的，因此该数组在 setup( ) 函数之外声明。作为全
局变量，它则在 setup( ) 函数里面被创建，也就是在显示窗口的宽度被定义之后。

```
Spot [] spots;                              // 声明数组
void setup() {
  size(800, 400);
  int numSpots=70;                          // 对象的数量
  int dia = width/numSpots;                 // 计算直径
  spots = new Spot[numSpots];               // 创建数组
  for (int i=0; i<numSpots; i++) {
    float x = dia/2+i*dia;
float y = 20;
    float sp = random(0.2, 2);
    spots[i] = new Spot(x, y, dia, sp);
  }
  noStroke();
}
void draw() {
  fill(0, 12);
  rect(0, 0, width, height);
  fill(255);
  for (int i=0; i<spots.length; i++) {
    spots[i].move();
    spots[i].display();
  }
}
```

插入 Spot 类代码，如下：

```
class Spot {
  float x, y;
  float diameter;
  float speed;
  int direction = 1;
  // 构造函数
  Spot(float xpos, float ypos, float dia, float sp) {
    x = xpos;
```

```
    y = ypos;
    diameter = dia;
    speed = sp;
  }
  void move() {
    y += (speed*direction);
    if (y>(height-diameter/2)||y<diameter/2) {
      direction * = -1;
    }
  }
  void display() {
    ellipse(x, y, diameter, diameter);
  }
}
```

运行该程序 (sketch_606)，查看效果如图 6-6 所示。

图 6-6

使用对象数组让我们有机会通过一种被称为增强型 for 循环的代码结构访问每个对象，从而简化代码。增强型 for 循环会自动地遍历数组中的每个元素，而不需要定义起始位置条件。增强型 for 循环的结构由数组元素数据类型的声明、代表每个数组元素的变量名称和该数组的名称组成。例如，前面代码中的 for 循环可以写成：

```
for (Spot s : spots) {
    s.move();
    s.display();
}
```

6.4   数组函数

严格意义上讲，当在一个数组中分配 10 个位置的时候，即已经告诉 Processing 究竟打算使用内存中的多少空间。这时的内存块没有多余的空间以拓展数组的大小。也可以制作一个新的数组（一个具有 11 个位置的数组），然后将原来数组的前 10 个元素复制过来。

Processing 提供了一系列数组函数，用以控制数组的长度大小。这些函数是 shorthen( )、cincat( )、subset( )、append( )、splice( )，以及 expend( )。此外，还有用来改变数组内部顺序的函数，譬如 sort( ) 和 reverse( )。在 Processing 的参考文档中，可以找到这些函数的具体内容。

下面我们看一个示例，使用 apend( ) 函数来拓展一个数组的长度。每次单击鼠标，会创建一个新的对象，然后附加到原来数组的末尾。

```
Ball [] balls = new Ball[1];                          // 声明数组
float gravity = 0.1;
void setup() {
  size(600, 400);
  balls[0] = new Ball(50, 50, 16);
}
void draw() {
  background(0);
  for (int i=0; i<balls.length; i++) {
    balls[i].gravity();
    balls[i].move();
    balls[i].display();
  }
}
void mousePressed() {
  Ball b = new Ball(mouseX, mouseY, 12);
  balls = (Ball[])append(balls, b);                   //append 增补数组
}
class Ball {                                           // 创建类
  float x, y, speed, w;
  Ball(float tempX, float tempY, float tempW) {       // 构造函数
    x = tempX;
    y = tempY;
    w = tempW;
    speed = 0;
  }
  void gravity() {
    speed = speed+gravity;
  }
  void move() {
    y = y+speed;
    if (y>height) {
      speed = speed*-0.95;
      y = height;
    }
  }
  void display() {
    fill(255);
    noStroke();
    ellipse(x, y, w, w);
  }
}
```

运行该程序 (sketch_607)，查看效果如图 6-7 所示。

图 6-7

另外一种修改数组大小的方式是使用一个特殊的对象，名为 ArrayList，可以执行长度灵活的数组，进而允许从数组的开始、中间和末尾，增加或取出元素。

6.5　扩展练习

本练习主要应用数组、循环和鼠标交互创建一系列位置随机变化的多边形。因为设置了描边的透明度，从而使多边形跟随鼠标生成并相互混合，构建出一个非常抽象且绚丽的图像。

```
int formResolution = 15;
int stepSize = 2;
float distortionFactor = 1;
float initRadius = 150;
float centerX, centerY;
float[] x = new float[formResolution];
float[] y = new float[formResolution];

boolean filled = false;
boolean freeze = false;
void setup(){
  size(800, 800);
  smooth();

  // 初始结构
  centerX = width/2;
  centerY = height/2;
  float angle = radians(360/float(formResolution));
  for (int i=0; i<formResolution; i++){
    x[i] = cos(angle*i) * initRadius;
    y[i] = sin(angle*i) * initRadius;
  }
  stroke(0, 50);
  background(255);
}
void draw(){
```

```
// 跟随鼠标漂移的中心位置
if (mouseX != 0 || mouseY != 0) {
 centerX += (mouseX-centerX) * 0.01;
  centerY += (mouseY-centerY) * 0.01;
}

// 计算生成点的坐标
for (int i=0; i<formResolution; i++){
  x[i] += random(-stepSize,stepSize);
  y[i] += random(-stepSize,stepSize);
  // ellipse(x[i], y[i], 5, 5);
}

strokeWeight(0.75);
if (filled) fill(random(255));
else noFill();

beginShape();
// 生成曲线的点
 curveVertex(x[formResolution-1]+centerX, y[formResolution-1]+centerY);

  for (int i=0; i<formResolution; i++){
    curveVertex(x[i]+centerX, y[i]+centerY);
  }
  curveVertex(x[0]+centerX, y[0]+centerY);

  // 曲线的终点
  curveVertex(x[1]+centerX, y[1]+centerY);
  endShape();
}
```

运行该程序 (sketch_608)，查看效果如图 6-8 所示。

图 6-8

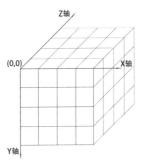

第7章

3D 图形

在 Processing 中绘制 3D 图形或模型有两种渲染方式，一种是 Processing 内置的 P3D 渲染器；另一种是 OpenGL 渲染器，它们通过在一个场景中加入各种类型的光，从而使几何体产生不同明暗变化的视觉效果。Processing 支持把图像作为纹理贴到物体的表面以创建丰富的材质，也可以通过控制几何体的变换、摄像机的运动等创建类似其他三维软件里的动画效果。

7.1 3D 坐标系

3D 是"3 Dimensions"的简称，是指三个维度、三个坐标，即长、宽、高。我们生活的空间就是三维的、立体的。我们的眼睛和身体感知到的世界都是三维立体的，并且具有丰富的色彩、光泽、表面、材质等外观质感，以及巧妙而错综复杂的内部结构和时空动态的运动关系。

Processing 的三维坐标系统，以电脑屏幕左上角为原点，向右为 X 轴正值，向下为 Y 轴正值，向后为 Z 轴负值，如图 7-1 所示。

图 7-1

在 Processing 中绘制 3D 图形或模型有两种渲染方式，一种是 Processing 内置的 P3D 渲染器，只需要在 size( ) 函数中加入 P3D 就能进入三维渲染模式；另一种是 OpenGL 渲染器，OpenGL 渲染器属于库的一种，需要将库导入 Processing，同时要在 size( ) 中加入 OpenGL。

下面通过一个简单的实例来了解如何在 Processing 中创造三维图形。Box( ) 用于生成立方体，sphere( ) 可以生成球体。输入代码如下：

```
void setup() {
  size(600, 400, P3D);                              // 开启 3D 渲染器
}
void draw() {
  background(0);
  lights();                                          // 打开灯光
  noStroke();
  translate(300, 250, -400);                         // 变换坐标
  rotateY(PI/4);                                     // 沿 Y 轴旋转
  box(500, 40, 500);                                 // 绘制立方体
  translate(0, 80, 0);                               // 变换坐标
  box(600, 50, 600);                                 // 绘制立方体
  translate(0, -300, 0);                             // 变换坐标
  sphere(150);                                       // 绘制球体
}
```

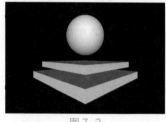

图 7-2

运行该程序 (sketch_701)，查看效果如图 7-2 所示。

在 3D 模式下，translate( ) 和 scale( ) 函数增加了 Z 轴上的变换，旋转变换则使用 rotateX( )、rotateY( ) 和 rotateZ( ) 3 个函数分别对 X 轴、Y 轴和 Z 轴进行旋转变换。输入代码如下：

```
void setup() {
  size(600, 400, P3D);
}
void draw() {
  background(20);
  lights();
  translate(300, 200, -400);
  box(600, 30, 400);
  rotateX(PI/2);
  box(600, 30, 500);
  rotateZ(PI/2);
  box(600, 30, 400);
}
```

运行该程序 (sketch_702)，查看相互垂直的三块板，如图 7-3 所示。

为了更清楚地看到三个相互垂直交叉的板，需继续旋转。输入代码如下：

```
void setup(){
 size(600,400,P3D);
}
void draw(){
  background(20);
  lights();
  translate(300,200,-400);
  rotateY(PI/6);          //Y 轴旋转 30 度
  rotateX(-PI/9);         //X 轴旋转负 20 度
  box(600,30,400);
  rotateX(PI/2);
  box(600,30,500);
  rotateZ(PI/2);
  box(600,30,400);
}
```

运行该程序 (sketch_703)，查看效果如图 7-4 所示。

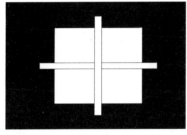

图 7-3

图 7-4

对于球体来说，由于不同的描边和填充方式，会呈现不同的样式。输入代码如下：

```
void setup() {
  size(600, 400, P3D);
}
void draw() {
  background(100);
  lights();
 translate(300, 200, -400);
  sphere(200);
}
```

运行该程序 (sketch_704)，查看线框
样式的球体，如图 7-5 所示。

如果想要球体呈现不描边的效果，可
输入代码如下：

图 7-5

```
void setup() {
  size(600, 400, P3D);
}
void draw() {
  background(100);
  noStroke();                          // 设置不描边
  lights();
  translate(300, 200, -400);
  sphere(200);
}
```

运行该程序 (sketch_705)，查看效果如图 7-6 所示。

通过 fill( ) 改变球体的颜色，输入代码如下：

```
void setup() {
  size(600, 400, P3D);
}
void draw() {
  background(100);
  noStroke();
  fill(200,10,10);                     // 填充红色
  lights();
  translate(300, 200, -400);
  sphere(200);
}
```

运行该程序 (sketch_706)，查看效果如图 7-7 所示。

图 7-6

图 7-7

扫码看效果

如果不填充，就可绘制一个镂空的球体。修改代码如下：

```
void setup() {
  size(600, 400, P3D);
}
void draw() {
  background(200,10,10);
  //noStroke();
  noFill();
  //fill(200,10,10);
  lights();
```

```
  translate(300, 200, -400);
  sphere(200);
}
```

运行该程序 (sketch_707)，查看效果
如图 7-8 所示。

如果在场景中有多个物体，为了使每
次变换的效果独立且互不影响，可以使用
pushMatrix( ) 和 popMatrix( ) 函数。 当
pushMatrix( ) 函数运行的时候，它保存一个
当前坐标系的备份，然后调用 popMatrix( )
函数之后还原。当希望变换的效果应用在一个图形上并且不影响其他图形的时候，这些
函数是非常有用的

图 7-8

扫码看效果

下面我们在三维环境中创建一个几何体的矩阵。输入代码如下：

```
void setup() {
  size(600, 400, OPENGL);
  noStroke();
  fill(255, 50, 50);
}
void draw() {
  background(0);
  lights();
  translate(width/2, height/2, -height);
  rotateY(map(mouseX, 0, width, 0, PI));
  rotateX(map(mouseY, 0, height, 0, PI));
  for (int i=-1; i<=1; i++) {
    for (int j=-1; j<=1; j++) {
      for (int k=-1; k<=1; k++) {
        pushMatrix();
        translate(400*i, 400*j, -400*k);
        box(30);
        popMatrix();
      }
    }
  }
}
```

运行该程序 (sketch_708)，查看效果如图 7-9 所示。

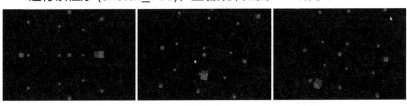

扫码看效果

图 7-9

7.2 三维灯光

在自然环境中，物体表面由于受到光线的照射，会产生不同的明暗变化，从而可以感觉到它在空间中的立体结构。

在 Processing 中默认状态下灯光是关闭的，需要调用 lights( ) 函数开启默认灯光效果。在一个场景中可以加入各种类型的光，可以通过创建和设置它们来对几何体进行光照计算，从而使几何体产生不同明暗变化的视觉效果。Processing 提供了一些灯光函数，如表 7-1 所示。

表 7-1　灯光函数及作用

函数	作用
ambientLight( )	创建环境光
pointLight( )	创建点光源
directionalLight( )	创建方向光
spotLight( )	创建聚光灯
noLights( )	关闭灯光效果

对三维空间中的物体来说，环境光完全没有方向，它的位置只会影响其衰减程度，所有自然的白天场景都有相当多的环境光照。当没有位置要求时，ambientLight( ) 函数可设定环境光，这时需要 3 个参数，当要求表现光的位置时，则需要 6 个参数。输入代码如下：

```
void setup() {
  size(600, 400, P3D);
}
void draw() {
  background(0);
  ambientLight(255, 100, 100, 100, 100, 1000);      // 设置环境光的颜色和位置
  translate(300, 200, 0);
  rotateY(PI/4);
  rotateX(PI/4);
  box(160);
}
```

运行该程序 (sketch_709)，查看效果如图 7-10 所示。

点光源是某一点向四面八方发射光线的一种灯光，它对每一个方向的照明程度都是一样的，比如挂在房间中的灯泡。点光源具有位置特性，它向四周照射，但在场景中则具有一个特定的方向。

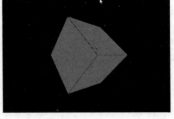

图 7-10

扫码看效果

pointLight( ) 函数有 6 个参数，第一组的 3 个参数确定灯光的颜色值，第二组的 3 个参数决定光源的位置。输入代码如下：

```
void setup() {
  size(600, 400, P3D);
}
void draw() {
  background(0);
  pointLight(255, 100, 100, 100, 100, 1000);    // 设置点光源的颜色和位置
  translate(300, 200, 0);
  rotateY(PI/4);
  rotateX(PI/4);
  box(160);
}
```

运行该程序 (sketch_710)，查看效果如图 7-11 所示。

方向光是模拟光从某方向发射出来的平行光，它没有具体位置设定。这类光照近似于距离无限远的一个光源，以一个特定的方向照射到场景，无关乎具体位置，光的强度也不会随距离变远而变弱，所以方向光很适合模拟日照。

扫码看效果

图 7-11

directionalLight( ) 函数有 6 个参数定义颜色和方向，第一组的 3 个参数设定光的颜色，第二组的 3 个参数则设定光照在 x、y、z 轴上的方位。输入代码如下：

```
void setup() {
  size(600, 400, P3D);
}
void draw() {
  background(0);
  directionalLight(255, 100, 100, 1, -0.5, -0.6);    // 设置方向光的颜色和角度
  translate(300, 200, 0);
  rotateY(PI/4);
  rotateX(PI/4);
  box(160);
}
```

运行该程序 (sketch_711)，查看效果如图 7-12 所示。

聚光灯是一种锥形光，类似舞台的追光灯。

spotLight( ) 函数具有 11 个参数，包括颜色、位置、方向、角度和聚光度。角度影响聚光灯照射的范围，一个微小的角度投射出较窄的光锥，而稍大的角

扫码看效果

图 7-12

度可以照亮更大的场景。聚光度参数影响光锥边缘的衰减程度，光在中心比较明亮而在边缘则较暗。由于聚光灯最易变换，因此计算量比其他类型的光源都大，程序运行也相对较慢。输入代码如下：

```
void setup() {
  size(600, 400, P3D);
}
void draw() {
  background(0);
  spotLight(255, 100, 100, 0, 300, 1000,1,-0.5,-0.6,PI/2,2);
  // 设置聚光灯参数
  translate(300, 200, 0);
  rotateY(PI/4);
  rotateX(PI/4);
  box(160);
}
```

运行该程序 (sketch_712)，查看效果如图 7-13 所示。

注意： 可以同时使用多个灯光，但灯光总数量必须小于8，否则程序会出错。

临时关闭灯光效果，可使用 noLights( ) 函数，但必须在绘制图形前调用。输入代码如下：

扫码看效果

图 7-13

```
void setup() {
  size(600, 400, P3D);
}
void draw() {
  background(0);
  spotLight(255, 100, 100, 0, 300, 1000,1,-0.5,-0.6,PI/2,2);
  // 设置聚光灯参数
  translate(300, 200, 0);
  rotateY(PI/4);
  rotateX(PI/4);
  noLights();                    // 关闭灯光效果
  box(160);
}
```

运行该程序 (sketch_713)，查看效果如图 7-14 所示。

如果将 "noLights();" 这一行语句放在 "box(160);" 之后，就不会关闭灯光效果。

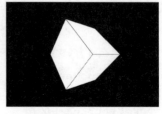

扫码看效果

图 7-14

7.3　材质

一个三维物体由一系列的面构成，如一个正方体有 6 个面，每个面都有一条法线，即一个紧贴着面并向外指的方向矢量，就像垂直于面并从面的中心延伸出来的箭头一样。法线用于计算光线相对于物体的角度，所以直接面向光线的物体更亮，而与光线之间略有角度的物体则要暗一些。由于环境光照不存在方向，也就不受面的法线的影响，但其他类型的光照都会受到法线的影响。材质以两种方法反射光，其中一种是漫反射，每个材质都具有一个固定色，但当它受光时，固有色会影响各个方向发散的光的数量。当光线正面照射到一个表面（和法线重合）时，这个表面则会反射它所有的固有色；当光线与法线成 90° 时，表面则不反射固有色。也就是说，当光线照射到表面时，它与法线之间的夹角越小，表面反射固有色越多。一般来说，一个材质的环境光颜色与固有色是被一起处理的。Processing 中的 fill( ) 函数会同时设置这两者，但环境光的颜色通过 ambient( ) 函数单独控制。

对于三维场景的真实感而言，材质的纹理是一个很关键的部分。Processing 支持把图像作为纹理贴到物体的表面，在物体发生形变的同时，纹理也同样会发生形变，也就是说，会拉伸贴在表面上的图像，如图 7-15 所示。

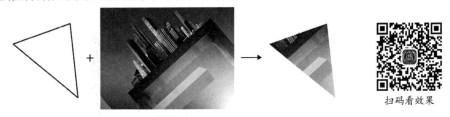

扫码看效果

图 7-15

为了能使一张图像映射到一个面上，面的顶点需要被赋予二维纹理坐标，这些坐标会告诉三维图形系统如何拉伸图像，以适应那些面。大多数的三维文件格式支持在存储多边形物体的同时存储纹理坐标。在 Processing 中，我们可以使用 vertex( ) 函数及两个额外的参数 (u 和 v) 使纹理映射到多边形之上，这两个值是纹理图像的 x 和 y 坐标，他们用于映射与它们配对的顶点位置。

最直接的方法是将一个矩形映射到相同的几何形状上。在下面的例子中，矩形的宽和高由 vertex( ) 函数定义，是 300 像素 ×300 像素，需要映射的图片大小是 200 像素 ×200 像素，这些值可以在 vertex( ) 函数中使用，以此定义映射。输入代码如下：

```
PImage tex;
void setup() {
  size(400, 400, P3D);
  tex = loadImage("building.jpg");
  noStroke();
}
void draw() {
```

```
    background(0);
    translate(200, 50, -100);
    float ry = map(mouseX, 0, width, 0, TWO_PI);
    rotateY(ry);
    beginShape();
    texture(tex);
    vertex(0, 0, 0, 0, 0);                    // 图形顶点与贴图顶点对应
    vertex(300, 0, 0, 200, 0);
    vertex(300, 300, 0, 200, 200);
    vertex(0, 300, 0, 0, 200);
    endShape();
}
```

运行该程序 (sketch_714)，查看效果如图 7-16 所示。

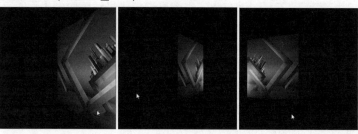

扫码看效果

图 7-16

还有一种定义映射坐标的方式，就是通过 textureMode( ) 函数完成。默认参数 (IMAGE) 根据原图像素大小设置纹理映射坐标，另一个参数 (NORMAL) 用于设定映射的法线值 (数值范围为 0.0 ~ 1.0)，这里 1.0 代表图像的水平和垂直的最大维度。

```
PImage tex;
void setup() {
    size(400, 400, P3D);
    tex = loadImage("building.jpg");
    noStroke();
    textureMode(NORMAL);                          // 设置贴图模式
}
void draw() {
    background(0);
    translate(200, 50, -100);
    float ry = map(mouseX, 0, width, 0, TWO_PI);
    rotateY(ry);
    beginShape();
    texture(tex);
    vertex(0, 0, 0, 0, 0);
    vertex(300, 0, 0, 1, 0);
    vertex(300, 300, 0, 1, 1);
    vertex(0, 300, 0, 0, 1);
    endShape();
}
```

运行该程序 (sketch_715)，查看效果如图 7-17 所示。

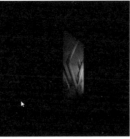

扫码看效果

图 7-17

我们尝试改变纹理映射的角度，修改代码：

```
……
beginShape();
  texture(tex);
  vertex(0, 0, 0, 0, 0);
  vertex(300, 0, 0, 0.5, 0);
  vertex(300, 300, 0, 1, 1);
  vertex(0, 300, 0, 0, 0.5);
 endShape();
……
```

运行该程序 (sketch_716)，查看效果如图 7-18 所示。

扫码看效果

图 7-18

可以对比查看与前面示例效果的不同之处。

7.4　摄像机

　　所有 3D 图形的渲染都依赖于整个场景中的模型及一个观看整个场景的摄像机。Processing 通过其所带函数利用模拟摄像机提供了清晰的图像，这源于 OpenGL。OpenGL 和 Processing 中使用的透视摄像机可以通过几个参数定义：焦距、近剪切平面和远剪切平面。

　　焦距决定了摄像机的视野，它表示摄像机到其聚焦的画面之间的距离。焦距越长，视野越窄，这就好比用长焦镜头收窄视角，如图 7-19 所示。

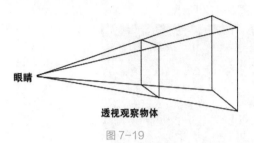

眼睛

透视观察物体

图 7-19

渲染需要三个变换：第一个变换是视图变换，这种变换决定了摄像机的位置和朝向。建立一个视图变换，定义为"摄像机空间"，在这个空间中，焦点被视为原点（显示窗口的左上角），z 轴的正方向指向屏幕外，y 轴的正方向朝下，x 轴的正方向朝右。在 Processing 中建立一个视图变换最简单的方法是使用 camera( ) 函数。第二个变换是模型变换，它定位了相对于摄像机的场景。第三个变换就是投影变换，它基于摄像机内部的属性，如焦距。投影矩阵是将三维图形映射到二维的像素网格。

Camera( ) 函数用于设置摄像机的位置和朝向，通过 9 个参数 (分成 3 组) 控制摄像机的位置、指向的方向和朝向。在下面的示例中，摄像机指向一个立方体的中心，mouseY 控制其高度，当鼠标向下移动时，立方体往后退。输入代码如下：

```
void setup() {
  size(400, 400, P3D);
  fill(200);
  strokeWeight(2);
}
void draw() {
  lights();
  background(0);
  camera(mouseX*2, mouseY*2, 120, 0, 0, 0, 0, 1, 0);
  noStroke();
  box(100);
  stroke(255);
  line(-80, 0, 0, 80, 0, 0);
  line(0, -80, 0, 0, 80, 0);
  line(0, 0, -80, 0, 0, 80);
}
```

运行该程序 (sketch_717)，查看效果如图 7-20 所示。

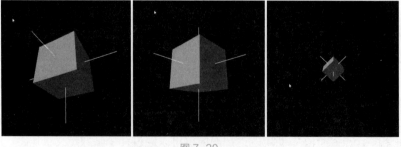

图 7-20

7.5　扩展练习

　　我们尝试制作一个动态的 3D 效果，结合前面学习过的 push( )、pop( )、sin( ) 函数，以及 for 循环，希望读者通过分析这段代码更好地理解 3D 空间的运动效果。

　　输入代码如下：

```
float angle = 6;
int n = 6;
int s = 20;
float v = -0.1;
void setup() {
  size(600, 400, P3D);
}
void draw() {
  background(0);
  noStroke();
  directionalLight(200, 0, 0, 0, 1, 0);
  directionalLight(0, 0, 250, 0, 0, -1);
  angle += v;
  rectMode(CENTER);
  rotateX(-PI/4);
  rotateY(-PI/4);
  scale(6/n);
  translate(300, 200, -n*(55));
  for(int z=n*(-30); z<=n*30; z+=s){
    translate(0, 0, s);
    for(int c=n*(-30); c<=n*30; c+=s ){
      push();
      translate(c, 0, 0);
      float d = dist(c, z, 0, 0);              // 距离函数
      float h = map(sin(0.4*(d/25+angle)), -1, 1, 100, 400);
      box(s, h, s);
      pop();
    }
  }
}
```

运行该程序 (sketch_718)，查看效果如图 7-21 所示。

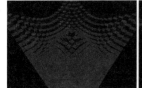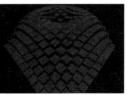

扫码看效果

图 7-21

第8章

粒子系统

在 Processing 中使用类和对象创建粒子效果，通过改变每个粒子的属性来丰富其形态。不过包含的属性毕竟有限，我们可以通过扩展并创建更多实用的行为，比如使用 GenParticle 类扩展 Particle 类，实现数量固定的连续粒子流，也可以尝试为粒子添加鼠标互动。

8.1　粒子基础

　　粒子系统是一个数组的粒子响应环境，或者其他粒子模拟渲染出火焰、烟雾、灰尘等现象。电影及视频游戏公司经常使用粒子系统模拟真实的爆炸或者水面效果。

　　粒子特效是为模拟现实中的水、火、雾、气等效果而开发的制作模块，我们先看一个案例。选择菜单【文件】→【范例程序】命令，打开自带范例 Particles，如图 8-1 所示。

　　单击播放按钮▶，运行该程序，查看粒子的动态效果，如图 8-2 所示。

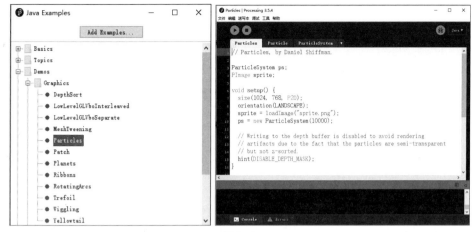

图 8-1

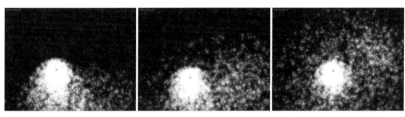

图 8-2

因为粒子效果是实时的，所以在程序中创建粒子效果更便于修改和交互。在 Processing 中我们使用类和对象创建粒子效果。

```
class Particle {                        // 创建类
  float xPos;
  float yPos;
  float size;
  Particle(){                           // 创建函数
    xPos = random(0, width);
    yPos = random(0, height);
    size = 20;
  }
}
```

回到主程序：

```
Particle p1;
void setup() {
  size(800, 600);
  p1 = new Particle();
}
void draw() {

}
```

接下来绘制粒子图形：

```
class Particle {
  float xPos;
  float yPos;
  float size;
  Particle(){
    xPos = random(0, width);
    yPos = random(0, height);
    size = 20;
  }
  void draw(){
    fill(255);
    ellipse(xPos, yPos, size, size);
  }
}
```

回到主程序，添加绘制：

```
Particle p1;
void setup() {
  size(800, 600);
  p1 = new Particle();
}
void draw() {
  background(0);
  p1.draw();
}
```

图 8-3

运行该程序 (sketch_801)，查看效果如图 8-3 所示。

在屏幕上随机位置出现一个粒子，接下来我们创建更多的粒子，修改代码如下：

```
Particle p1;
Particle p2;
Particle p3;
Particle p4;
void setup() {
  size(800, 600);
  p1 = new Particle();
  p2 = new Particle();
  p3 = new Particle();
  p4 = new Particle();
}
void draw() {
```

```
  background(0);
  p1.draw();
   p2.draw();
    p3.draw();
     p4.draw();
}
```

运行该程序 (sketch_802)，查看多个粒子效果，如图 8-4 所示。

这样一个一个创建粒子，显然工作效率太低了，因此我们要使用数组来创建多个粒子。修改代码如下：

```
Particle[] p;
void setup() {
  size(800, 600);
  p = new Particle[40];
  for (int i=0; i<40; i++) {
    p[i] = new Particle();
  }
}
void draw() {
  background(0);
  for (int i=0; i<40; i++) {
    p[i].draw();
  }
}
```

运行该程序 (sketch_803)，查看多个粒子的效果，如图 8-5 所示。

图 8-4

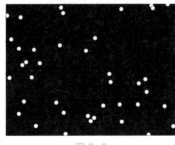

图 8-5

8.2　粒子运动

前面已经随机创建了多个静态的粒子，下面开始创建运动的粒子。在 Particle 类中添加速度变量，修改代码如下：

```
class Particle {
  float xPos;
```

```
    float yPos;
    float size;
    float speedX;                                    // 创建速度变量
    float speedY;
    Particle()
    {
      xPos = random(0, width);
      yPos = random(0, height);
      speedX = random(-1,1);                         // 速度变量赋值
      speedY = random(-1,1);
      size = 20;
    }
    void draw()
    {
      fill(255);
      ellipse(xPos, yPos, size, size);
      xPos += speedX;                                // 应用速度变量于位置变换
      yPos += speedY;
    }
}
```

单击运行该程序 (sketch_804)，查看粒子的运动效果，如图 8-6 所示。

图 8-6

随着时间的延长，粒子会逐渐跑出窗口。通过条件语句限定粒子的极限位置，修改代码如下：

```
class Particle {
  float xPos;
  float yPos;
  float size;
  float speedX;
  float speedY;
  Particle()
  {
    xPos = random(0, width);
    yPos = random(0, height);
    speedX = random(-1,1);
    speedY = random(-1,1);
    size = 20;
  }
```

```
void draw()
  {
    fill(255);
    ellipse(xPos, yPos, size, size);
    xPos += speedX;
    yPos += speedY;
    if(xPos > width||xPos<0){                    // 限定极限位置
      speedX = -speedX;
    }
    if(yPos > height||yPos<0){
      speedY = -speedY;
    }
  }
}
```

运行该程序 (sketch_805)，查看粒子的运动效果，如图 8-7 所示。

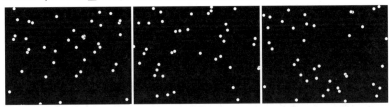

图 8-7

接下来改变每个粒子的属性，使其效果更加丰富。比如为尺寸添加随机值：

```
size = random(10,20);
```

运行该程序，查看粒子的运动效果，如图 8-8 所示。

图 8-8

如果要为粒子添加颜色，可再创建一个颜色变量 col，赋予随机值：

```
float col;
col = random(100,250);
fill(col,200,150);
```

运行该程序 (sketch_806)，查看彩色的粒子效果，如图 8-9 所示。

图 8-9

扫码看效果

113

在主程序中调整背景函数的顺序，可以创建粒子拖尾的效果。修改代码如下：

```
Particle[] p;
void setup() {
  size(800, 600);
  background(0);
  p = new Particle[40];
  for (int i=0; i<40; i++) {
    p[i] = new Particle();
  }
}
void draw() {
  noStroke();
  for (int i=0; i<40; i++) {
    p[i].draw();
  }
}
```

运行该程序 (sketch_807)，查看粒子的动态效果，如图 8-10 所示。

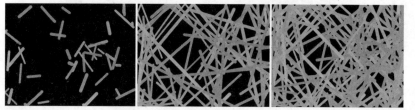

扫码看效果

图 8-10

8.3　互动粒子

本节我们尝试为粒子添加鼠标互动。修改 Particle 类的代码如下：

```
class Particle {
  float xPos;
  float yPos;
  float size;
  float speedX;
  float speedY;
  float col;
  Particle() {
    xPos = random(0, width);
    yPos = random(0, height);
    speedX = random(-1,1);
    speedY = random(-1,1);
    size = random(10,20);
```

```
      col = 255;
    }
  void draw() {
    fill(255,col,255-col);
    ellipse(xPos, yPos, size, size);
    xPos += speedX;
    yPos += speedY;
    if(dist(xPos,yPos,mouseX,mouseY)<40){          // 检验粒子和光标的距离
     col =50;
    }else {
     col =255;
    }
    if(xPos>width||xPos<0){
     speedX = -speedX;
    }
    if(yPos>height||yPos<0){
     speedY = -speedY;
    }
  }
}
```

运行该程序 (sketch_808)，查看粒子随着光标距离改变颜色的效果，如图 8-11 所示。

扫码看效果

图 8-11

下面，我们添加另一种鼠标互动效果，即当单击鼠标时，粒子聚拢过来，添加代码如下：

```
if(mousePressed){
    float xdist = xPos-mouseX;
    float ydist = yPos-mouseY;
    xPos -= xdist*0.05;
    yPos -= ydist*0.05;
   }
```

运行该程序 (sketch_809)，查看粒子聚散的动态效果，如图 8-12 所示。

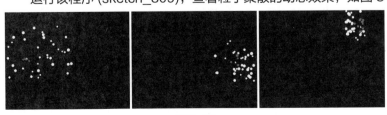

扫码看效果

图 8-12

8.4 连续粒子流

Particle 类包含的属性十分有限，但是具有允许扩展并创建更多实用行为的功能。GenParticle 类扩展了 Particle 类，当粒子移动到显示窗口之外会回到原点，这样可以实现数量固定的连续粒子流。

我们先在前面 Particle 类的基础上做一些简单的修改。修改代码如下：

```
class Particle {
  float x;
  float y;
  float radius = 5;
  float speedX = random(-1, 1);
  float speedY = random(-1, 1);
  Particle(float xPos, float yPos, float speedX, float speedY, float radius)
  {
    x = xPos;
    y = yPos;
  }
  void update() {
    x += speedX;
    y += speedY;
  }
  void display() {
    fill(255);
    ellipse(x, y, radius*2, radius*2);
  }
}
```

修改主程序代码如下：

```
int numParticles = 100;
Particle[] p = new Particle[numParticles];
void setup() {
  size(600, 400);
  noStroke();
  float radius = 5;
  float speedX = random(-1, 1);
  float speedY = random(-2, -1);
  for (int i=0; i<p.length; i++) {
    p[i] = new Particle(width/2, height/2, speedX, speedY, radius);
  }
}
```

```
void draw() {
  fill(0, 30);
  rect(0, 0, width, height);
  fill(255);
  for (Particle part : p) {
    part.update();
    part.display();
  }
}
```

运行该程序 (sketch_810)，查看效果如图 8-13 所示。

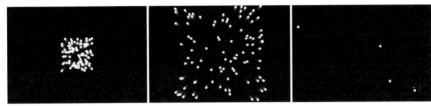

图 8-13

这样呈现的效果是粒子从发射到充满屏幕，最后逐渐跑出屏幕边框消失了。如果希望获得连续的粒子流，在满足某种条件的情况下不断发射，可继续创建一个类——GenParticle，增加从屏幕中心发射的粒子。

```
class GenParticle extends Particle {
    float originX, originY;
    GenParticle(float xPos, float yPos, float speedX, float speedY, float
radius, float ox, float oy) {
        super(xPos, yPos, speedX, speedY, radius);
        originX = ox;
        originY = oy;
    }
    void regenerate() {
        if ((x>width+radius)||(x<-radius)||(y>height+radius)||(y<-
radius)) {
            x = originX;
            y = originY;
        }
    }
}
```

修改主程序代码如下：

```
int numParticles = 100;
GenParticle[] p = new GenParticle[numParticles];
void setup() {
  size(600, 400);
  noStroke();
  float radius = 5;
  float speedX = random(-1, 1);
  float speedY = random(-2, -1);
```

```
    for (int i = 0; i <p.length; i++) {
        p[i] = new GenParticle(width/2, height/2, speedX, speedY,
radius,width/2, height/2);
      }
    }
    void draw() {
      fill(0, 30);
      rect(0, 0, width, height);
      fill(255);
      for (GenParticle part : p) {
        part.update();
        part.display();
        part.regenerate();          // 重复产生粒子
      }
    }
```

运行该程序 (sketch_811)，查看效果如图 8-14 所示。

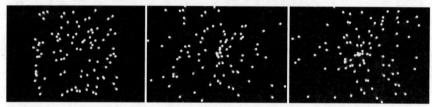

图 8-14

我们再来看看如何为运动的粒子添加摩擦减速效果，这一操作除了要使用上面的
Particle 类，还要创建一个 FrictParticle 类。输入代码如下：

```
class FrictParticle extends Particle {
    float friction = 0.9;
    float speedX, speedY;
    FrictParticle(float xPos, float yPos, float speedX, float speedY,
float radius) {
        super(xPos, yPos, speedX, speedY, radius);
    }
    void update() {
        speedX *= friction;
        speedY *= friction;
        super.update();
        frict();
    }
    void frict() {
        if ((x<radius)||(x>width-radius)) {
            speedX = -speedX;
            x = constrain(x, radius, width-radius);
        }
        if (y>height-radius) {
```

```
        speedY = -speedY;
        y = height-radius;
      }
    }
}
```

修改主程序：

```
int numParticles = 100;
FrictParticle[ ] p = new FrictParticle[numParticles];
void setup() {
  size(600, 400);
  noStroke();
  float radius = 5;
  for (int i=0; i<p.length; i++) {
    float speedX = random(-1, 1);
    float speedY = random(-2, -1);
    p[i] = new FrictParticle(width/2, height/2, speedX, speedY, radius);
  }
}
void draw() {
  fill(0, 30);
  rect(0, 0, width, height);
  fill(255);
  for (FrictParticle part : p) {
    part.update();
    part.display();
  }
}
```

运行该程序 (sketch_812)，查看效果如图 8-15 所示。

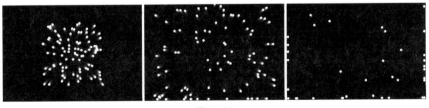

图 8-15

8.5　扩展练习

　　前面我们创建了圆点粒子，它们运动的方向都保持了产生时的角度。下面我们共同分析和学习一个粒子在飞行中改变方向的效果。先看一下 Particle 类的代码：

```
class Particle {
  float posX, posY, incr, theta;
  color  col;
  Particle(float xIn, float yIn, color cIn) {               // 构造函数
    posX = xIn;
    posY = yIn;
    col = cIn;
  }
  void move() {
    update();
    wrap();
    display();
  }
  void update() {
    incr +=  .008;
    theta = noise(posX * .006, posY * .004, incr) * TWO_PI;
    posX += 2 * cos(theta);
    posY += 2 * sin(theta);
  }
  void display() {
    if (posX > 0 && posX < width && posY > 0  && posY < height) {
      pixels[(int)posX + (int)posY * width] =  col;    // 像素数组
    }
  }
  void wrap() {                                   // 扭曲函数, 限定粒子的边框位置
    if (posX < 0) posX = width;
    if (posX > width ) posX = 0;
    if (posY < 0 ) posY = height;
    if (posY > height) posY = 0;
  }
}
```

主程序代码如下:

```
Particle[] particles;                            // 对象数组
void setup() {
  size(900, 600);
  background(0);
  noStroke();
  setParticles();                                // 设置粒子函数
}
void draw() {
  fill(0, 20);
  rect(0, 0, width, height);
  loadPixels();                                  // 读取像素值
  for (Particle p : particles) {
```

```
      p.move();
    }
    updatePixels();                                    // 更新像素值
}
void setParticles() {                                  // 设置粒子函数
    particles = new Particle[2500];
    for (int i=0; i<2500; i++) {
      float x = random(width);
      float y = random(height);
      int c = color(255, 255, 255,100);
      particles[i] = new Particle(x, y, c);
    }
}
void mousePressed() {                                  // 单击鼠标设置粒子
    setParticles();
}
```

运行该程序 (sketch_813)，查看粒子效果，如图 8-16 所示。

图 8-16

改变粒子颜色的方法也比较简单，比如将"int c = color(255, 255, 255,100);"修改为"int c = color(255, 0, 255,100);"并运行程序，即可得到粉色的粒子效果，如图 8-17 所示。

扫码看效果

图 8-17

第9章

媒体处理

在 Processing 程序中可以加载图片、矢量图形，将互动艺术的可能性延伸到影像。我们可通过数组加载序列图片，并控制序列帧动画播放的速度，还能为图像加滤镜或蒙版，以产生非常丰富的合成效果。Processing 针对视频和音频的处理同样具有很强大的功能，如控制播放、实时输入等。

9.1　加载图片

　　Processing 除了可以绘制图形和创建文本，还能够插入图片文件。在程序中加载图片或矢量图形，将互动艺术的可能性延伸到影像。

　　Processing 使用一个命名为 data 的文件夹来存储这些图片文件，当转移草图程序位置或输出它们的时候，都会自动转移。

　　当创建了一个草图程序，选择菜单【速写本】→【添加文件】命令，选择并添加需要的文件，就可以自动创建 data 文件夹。如果要检查这些文件，选择【打开程序目录】命令，就会看到一个名为 data 的文件夹，里面包含刚才添加的所有文件。除了使用添加文件的菜单命令外，还可以通过直接将文件拖曳到 Processing 窗口的编辑区，同样会将文件复制到 data 文件夹中，如果原先没有 data 文件夹，则会被自动创建。当然也可以在 Processing 程序之外创建 data 文件夹，并且手动复制文件，当需要处理大量文件的时候，这种方法很有用。

将一幅图像绘制到屏幕上之前需要执行以下三个步骤：

(1) 将图像添加到草图程序的 data 文件夹中。

(2) 创建 PImage 变量来存储图像。

(3) 使用 loadImage( ) 函数将图像加载到变量。

输入代码如下：

```
PImage img;                                // 创建变量
void setup() {
  size(800, 600);
  img = loadImage("pic04.jpg");            // 加载图像文件
}
void draw() {
  image(img, 0, 0);                        // 显示图像
}
```

运行该程序 (sketch_901)，查看效果如图 9-1 所示。

可以看出显示的图像跟原图片的大小不一致，需要设置显示图片的尺寸。当一张图片从原始尺寸放大或者缩小的时候，它有可能被拉伸扭曲，为避免这种情况，我们可使用 image( ) 函数改变图像的尺寸和位置。image( ) 函数最多有 5 个参数，第 1 个参数为图像变量名，第 2 个和第 3 个参数定义图像的位置，第 4 个和第 5 个参数决定显示图像的宽度和高度。输入代码如下：

```
PImage img;                                // 创建变量
void setup( ) {
  size(800, 600);
  img = loadImage("pic04.jpg");            // 加载图像文件
}
void draw( ) {
  image(img, 0, 0, width, height);         // 显示图像
}
```

运行该程序 (sketch_902)，查看效果如图 9-2 所示。

扫码看效果

图 9-1　　　　　　　　　　　图 9-2

如果要加载更多的图像，则要先把需要的文件都添加到 data 文件夹中，如图 9-3 所示。

图 9-3

输入代码如下：

```
PImage img1;
PImage img2;
void setup() {
  size(800, 600);
  img1 = loadImage("pic04.jpg");
  img2 = loadImage("pic03.jpg");
}
void draw() {
  image(img1, 0, 0);
  image(img2, 400, 0);
}
```

运行该程序(sketch_903)，查看效果如图 9-4 所示。

在平面设计当中，设计人员可以根据自己的需要设置图片的大小和位置，形成有特色的版式。输入代码如下：

扫码看效果

图 9-4

```
PImage img1;
PImage img2;
void setup() {
  size(800, 600);
  img1 = loadImage("pic04.jpg");
  img2 = loadImage("pic05.png");
}
void draw() {
background(220,250,220);
  image(img1, 0, 100,450,300);
```

```
    image(img2, 350, 300,450,300);
}
```

运行该程序 (sketch_904)，查看效果如图 9-5 所示。

如果要加载更多的图片，尤其是序列图片，可以使用数组。先将序列图片放置在 data 文件夹中，然后输入代码如下：

扫码看效果

图 9-5

```
int numframes = 10;                            // 确定数组长度
int frame = 0;
PImage[] images = new PImage[numframes];        // 创建数组
void setup() {
  size(600, 400);
  frameRate(15);
  images[0] = loadImage("circle_000.jpg");
  images[1] = loadImage("circle_001.jpg");
  images[2] = loadImage("circle_002.jpg");
  images[3] = loadImage("circle_003.jpg");
  images[4] = loadImage("circle_004.jpg");
  images[5] = loadImage("circle_005.jpg");
  images[6] = loadImage("circle_006.jpg");
  images[7] = loadImage("circle_007.jpg");
  images[8] = loadImage("circle_008.jpg");
  images[9] = loadImage("circle_009.jpg");
}
void draw() {
  image(images[frame], 0, 0);                   // 显示图像
  frame++;
  if (frame == numframes) {
    frame = 0;
  }
}
```

运行该程序 (sketch_905)，查看序列图片的显示效果，如图 9-6 所示。

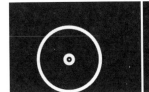

扫码看效果

图 9-6

当要加载一组图像时，使用 for 循环是一种非常快捷的方法。输入代码如下：

```
int numframes = 30;
PImage[] images = new PImage[numframes];
void setup() {
  size(600, 400);
  frameRate(30);
  for (int i=0; i<images.length; i++) {
    String imageName = "circle_"+nf(i, 3)+".jpg";
    images[i] = loadImage(imageName);
  }
}
void draw() {
  int frame = frameCount % numframes;
  image(images[frame], 0, 0);
}
```

通过改变变量 numframes 的值，可以加载 1 ～ 999 张图像。nf( ) 函数用于格式化需要加载的图像的名称，使它们可以按照正确的顺序排列，如文件被命名为 "circle_001.jpg" 而不是 "circle_1.jpg"。nf( ) 函数用 0 填充 for 循环中较小的数字，所以 1 变成 001，2 变成 002，以此类推。% 操作符使用 frameCount 变量使每帧帧数加 1，当 frameCount 的值超过 29 时就会归零。

随机地显示图像，并且在显示每张图像时持续不同的时间，以无规律的时间间隔重复播放一个序列，使每张图像的出现顺序、停留时间不同，这样可以增强序列帧动画的视觉效果。输入代码如下：

```
int numframes = 30;
PImage[] images = new PImage[numframes];
void setup() {
  size(640, 360);
  for (int i=0; i<images.length; i++) {
    String imageName = "circle_"+nf(i, 3)+".jpg";
    images[i] = loadImage(imageName);
  }
}
void draw() {
  int frame = int(random(0, numframes));
  image(images[frame], 0, 0,width,height);
  frameRate(random(1, 30));
}
```

运行该程序 (sketch_906)，查看效果如图 9-7 所示。

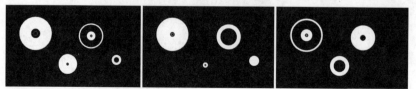

图 9-7

扫码看效果

有很多方法可以控制序列帧动画播放的速度，使用 frameRate( ) 函数是其中最为简单的一种。如果想要序列图像以自定义的速度切换的话，可以设置一个计时器，当计时器的数值超过预定值时，新的一帧才会被播放。

修改代码如下：

```
int numframes = 30;
int topFrame = 0;
int bottomFrame = 0;
PImage[] images = new PImage[numframes];
int lastTime ;
float timer;                              // 创建一个计时器变量
void setup() {
  size(640, 360);
frameRate(30);
  for (int i=0; i<images.length; i++) {
    String imageName = "circle_"+nf(i, 3)+".jpg";
    images[i] = loadImage(imageName);
  }
}
void draw() {
  timer = millis()-lastTime;              // 计时器变量赋值
  image(images[bottomFrame], 0, 0,width,height);
    if (timer>500) {                      // 计时器确定间隔时长为 0.5 秒
    topFrame = (topFrame+1)%numframes;
    image(images[topFrame], 0, 0,width,height);
    bottomFrame = (bottomFrame+1)%numframes;
  lastTime = millis();
  }
}
```

运行该程序 (sketch_907)，查看效果如图 9-8 所示。

扫码看效果

图 9-8

Processing 可以加载和显示 JPEG、PNG、GIF 等栅格图像。在加载图像的时候应包含文件后缀，如 gif、jpg 或者 png 等，还要确保图像名称输入正确，和文件夹中的原名一致，尤其要注意大小写必须一致。

大部分数码相机存储的 JPEG 图像比 Processing 程序的绘制区域大很多，因此在把这些图像加载到 data 文件夹之前要重新设置图像的尺寸，以便让程序运行更加流畅。

GIF 和 PNG 图像都支持透明效果，但它们有一定的区别，GIF 图像只有 1 位的透

明度，要么是全透明要么是不透明，而 PNG 图像有 8 位的透明度，每个像素可以有丰富的透明层次。输入代码如下，

```
PImage img1;
PImage img2;
PImage img3;
void setup() {
  size(800, 540);
  img1 = loadImage("pic04.jpg");
  img2 = loadImage("pic08.jpg");
  img3 = loadImage("pic09.png");
}
void draw() {
  image(img1, 0, 0);
  image(img2, 400, 0);
  image(img3, 0, mouseY-300, 800, 600);
}
```

运行该程序 (sketch_908)，查看图片 pic09.png 叠加在其他图片上面的效果，如图 9-9 所示。

扫码看效果

图 9-9

如果在 Processing 程序中使用 Inkspace 或者 illustrator 中创建的矢量图形，可以直接将它们加载到 Processing 里，不过不是使用绘图函数，而是通过创建 PShape 变量来存储矢量文件，再用 loadShape( ) 函数读取矢量文件。

在读取前将它们添加到程序 data 文件夹中，输入代码如下：

```
PShape Logo;
void setup() {
  size(600, 400);
  Logo = loadShape("logo.svg");
}
void draw() {
  background(0);
  shape(Logo, 150, 0,400,320);
  shape(Logo, 0, 200, 300, 240);
}
```

运行该程序 (sketch_909)，查看效果如图 9-10 所示。

图 9-10

9.2 加载滤镜与蒙版

大多数设计师都很熟悉滤镜对于图像的作用，滤镜可用于模糊图像、模拟日晒或水彩画效果，正是因为丰富多样的滤镜，才帮助我们完成了很多创意设计。

Processing 提供了一个函数给图像添加滤镜，它通过变换单张图像的像素值或合并两张不同图像之间的像素来操作，滤镜通过代码可以很容易地产生显著的效果差异。Filter( ) 函数有 8 个选项：THRESHOLD(阈值)、GRAY(灰度)、INVERT(反相)、POSTERIZE(色彩分离)、BLUR(模糊)、OPAQUE(不透明)、ERODE(腐蚀) 和 DILATE(膨胀)。这些功能有时需要配合第二个参数使用。举例来说，THRESHOLD 模式根据数值超过或低于第二个参数判断图像中的像素转换成黑色或白色。输入代码如下：

```
PImage img;
void setup() {
  size(600, 400);
  img = loadImage("pic01.jpg");
}
void draw() {
  image(img, 0, 0);                    // 显示图像
  filter(THRESHOLD, 0.4);              // 设置滤镜参数
  filter(BLUR, 5);
}
```

运行该程序 (sketch_910)，查看滤镜效果，如图 9-11 所示。

扫码看效果

（源图片）　　　　　　　（应用滤镜）

图 9-11

Filter( )函数仅影响已经绘制的图像，在滤镜之后的图形或图像都不会受到影响。输入代码如下：

```
PImage img;
void setup() {
  size(600, 400);
noStroke();
  img = loadImage("pic01.jpg");
}
void draw() {
  image(img, 0, 0);
  filter(THRESHOLD, 0.4);
  filter(BLUR, 5);
fill(0,100,200);
  ellipse(300, 200, 200, 80);
}
```

运行该程序（sketch_911），图片应用了滤镜效果，而椭圆并没有滤镜效果，如图 9-12 所示。

修改程序，在绘制的椭圆下面添加一行滤镜代码。输入代码如下：

```
PImage img;
void setup() {
  size(600, 400);
  img = loadImage("pic01.jpg");
}
void draw() {
  image(img, 0, 0);
  filter(THRESHOLD, 0.4);
  //filter(BLUR, 5);
  ellipse(300, 200, 200, 80);
  filter(BLUR, 6);
}
```

运行该程序（sketch_912），图片和椭圆都出现了模糊的效果，如图 9-13 所示。

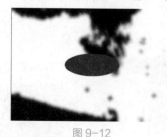

图 9-12

图 9-13

扫码看效果

PImage 类包含了 filter( ) 函数，可以将滤镜限制在一张指定的图像上，而不影响其余部分。输入代码如下：

```
PImage img1, img2;
void setup() {
```

```
  size(600, 400);
  img1 = loadImage("pic08.jpg");
  img2 = loadImage("pic09.jpg");
img2.filter(INVERT);                    // 指定反向滤镜
}
void draw() {
  image(img1, 0, 0, width, height);
  image(img2, 0, 200, width, height);
}
```

运行该程序 (sketch_913)，查看效果如图 9-14 所示。

在图像的合成中经常会使用图像的一部分，或者控制部分图像的透明度，这时蒙版是非常高效的应用。用于 PImage 类的 mask( ) 函数，可通过一张图像的内容设置另一张图像的透明度。蒙版图像应该只包含灰度数据，而且必须与应用蒙版的图像尺寸一致，如果该图像不是灰度的，可以先通过 filter( ) 函数转换。蒙版的明亮区域让原图通过，暗区则遮蔽原图。输入代码如下：

```
PImage img1, maskimg;
void setup() {
  size(600, 400);
  img1 = loadImage("pic04.jpg");
  maskimg = loadImage("pic04.jpg");
  maskimg.filter(THRESHOLD, 0.3);
  maskimg.filter(BLUR, 5);
  maskimg.filter(INVERT);
  img1.mask(maskimg);
}
void draw() {
  background(200,200,170);
  image(img1, 0, 0);
}
```

运行该程序 (sketch_914)，查看浅黄色背景上的人物影像效果，如图 9-15 所示。

图 9-14

图 9-15

扫码看效果

9.3　加载视频

Processing 对视频的处理分为两种：一种是处理视频文件；另一种是处理摄像头

输入的实时视频。

1. 播放视频文件

将视频文件放置在 data 文件夹中，编写代码时要先导入视频库，选择菜单【速写本】→【引用库文件】命令，选择 video 项，自动生成一行代码：

```
import processing.video.*;
```

运用 movie 定义视频类型变量，调取视频文件至变量，最后用 image( ) 函数显示视频画面。输入代码如下：

```
import processing.video.*;
Movie mymovie;                                    // 声明变量
void setup() {
  size(640, 360);
  mymovie = new Movie(this, "open.mov");          // 初始化 Movie 变量
  mymovie.loop();                                 // 视频循环播放
}
void movieEvent(Movie m) {
  m.read();
}
void draw() {
  image(mymovie, 0, 0, width, height);            // 显示视频画面
}
```

运行该程序 (sketch_915)，查看视频播放效果，如图 9-16 所示。

扫码看效果

图 9-16

Processing 的视频库中有许多高级的特色功能，有的函数可以获取视频的持续时长（以秒为单位）信息，有的函数可以让视频加速或者减速播放，有的函数可以跳至视频的某个时间点。如果感觉它们的表现性能不佳，视频播放不连贯的话，建议使用 P2D 或 P3D 渲染器。

可以用鼠标控制视频播放的时间，当鼠标在窗口中水平移动时，可显示视频的各帧画面。这里运用了 jump( ) 函数和 duration( ) 函数，jump( ) 可以让视频跳转到特定的时间点，duration( ) 可以指定视频的长度。

```
import processing.video.*;
Movie mymovie;                                      // 声明变量
void setup() {
  size(640, 360,P2D);
  mymovie = new Movie(this, "circle.mov");          // 初始化 Movie 变量
  mymovie.loop();                                   // 视频循环播放
}
```

```
void movieEvent(Movie m) {
  m.read();
}
void draw() {
  image(mymovie, 0, 0, width, height);          // 显示视频画面
  if (mouseX>width/2) {
    mymovie.jump(5);                             // 视频跳到第 5 帧
  }
}
```

运行该程序 (sketch_916)，查看效果如图 9-17 所示。

图 9-17

扫码看效果

通过水平拖动鼠标还可以控制视频播放帧。输入代码如下：

```
import processing.video.*;
Movie mymovie;                                  // 声明变量
void setup() {
  size(640,360,P2D);
  mymovie = new Movie(this, "circle.mov");      // 初始化 Movie 变量
  mymovie.loop();                               // 视频循环播放
}
void movieEvent(Movie m) {
  m.read();
}
void draw() {
  float ratio = mouseX/(float)width;
  mymovie.jump(ratio*mymovie.duration());       // 视频跳转
  image(mymovie, 0, 0, width, height);          // 显示视频画面
}
```

运行该程序 (sketch_917)，查看效果如图 9-18 所示。

图 9-18

扫码看效果

2. 实时视频输入

在 Processing 中处理摄像头输入的视频必须具备两个条件：一是在硬件方面，必须准备一个电脑摄像头。一般的摄像头都是通过 USB 的方式与电脑连接，如果使用

Mac 电脑或自带摄像头的笔记本电脑相对来说更方便。二是软件的准备，Windows 系统的电脑需要安装 QuickTime 播放器，并在安装时选择 QuickTime for Java。

　　编写代码的步骤和播放视频文件很相似。首先要导入视频库，或者直接输入 import processing.video.*；然后声明捕获变量，格式为"Capture 视频名称"；之后初始化视频捕获变量，即将捕获的视频指定给变量，格式为"视频名称 =new Capture(this, 视频宽度, 视频高度, 帧速率)"；最后是读取视频信号，当摄像头捕获视频信号时，则读取该视频信号。

```
import processing.video.*;                          // 导入视频库
Capture mycam;                                       // 声明变量
void setup() {
  size(640, 480);
  mycam = new Capture(this, 640,480,30);            // 初始化 Capture 变量
  mycam.start();
}
void draw() {
  if (mycam.available()) {
    mycam.read();
  }
  image(mycam, 0, 0, width, height);                // 显示视频画面
}
```

运行该程序 (sketch_918)，查看效果如图 9-19 所示。

扫码看效果

图 9-19

为了能知道摄像头的参数，我们可以先检查一下摄像头。输入代码如下：

```
import processing.video.*;
Capture mycam;
void setup() {
  size(640, 480);
  String[ ]cameras = Capture.list();                // 创建数组
  println("Available cameras:");
  for (int i=0; i<cameras.length; i++) {            // 显示全部可用相机
    println(cameras[i]);
  }
}
```

运行该程序 (sketch_919)，在控制台中查看摄像头的信息，如图 9-20 所示。

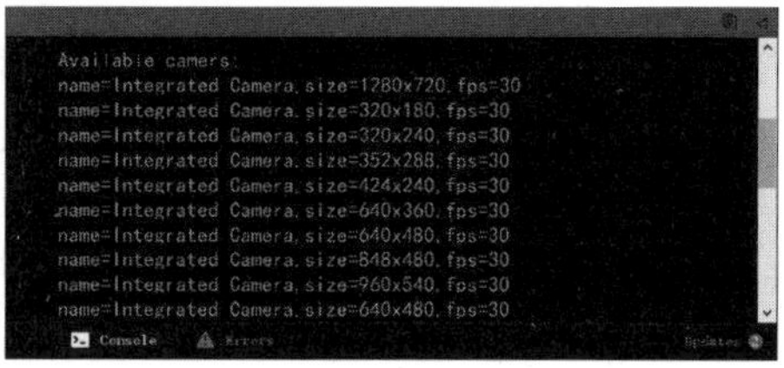

图 9-20

9.4　像素化效果

我们可以将基本的图像处理技术应用于视频图像，对像素进行逐个读取甚至替换，将这一概念进一步拓展，就可以读取像素，将颜色应用在屏幕上绘制的图形。

下面展示一个示例，在大小为 640 像素 × 480 像素的窗口中模拟视频中的像素块效果，绘制 8 像素宽且 8 像素高的矩形。输入代码如下：

```
int videoscale = 8;
int cols, rows;
void setup() {
  size(640, 480);
  cols = width/videoscale;
  rows = height/videoscale;
}
void draw() {
  for (int i=0; i<cols; i++) {
    for (int j=0; j<rows; j++) {
      int x = i*videoscale;
      int y = j*videoscale;
      fill(255);
      rect(x, y, videoscale, videoscale);
    }
  }
}
```

运行该程序 (sketch_920)，查看网格效果，如图 9-21 所示。

我们选择摄像头的尺寸为 160 像素 × 120 像素，修改程序代码如下：

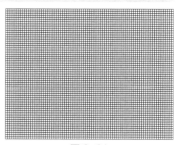

图 9-21

```
import processing.video.*;
Capture mycam;
int videoscale = 4;
int cols, rows;
void setup() {
  size(640, 480, P2D);
  background(0);
  cols = width/videoscale;
  rows = height/videoscale;
  mycam = new Capture(this, 160, 120);
  mycam.start();
}
void captureEvent(Capture mycam) {
  mycam.read();
}
void draw() {
  mycam.loadPixels();                               // 调用像素
  for (int i=0; i<cols; i++) {
    for (int j=0 ; j<rows; j++) {
      int x = i*videoscale;
      int y = j*videoscale;
      color c = mycam.pixels[i+j*mycam.width];      // 提取颜色值
      fill(c);
      rect(x, y, videoscale, videoscale);
    }
  }
}
```

运行该程序 (sketch_921)，
查看效果如图 9-22 所示。

可以减少方块的数量，能更
清晰地查看颜色的分布情况。修
改代码如下：

扫码看效果

图 9-22

```
import processing.video.*;
Capture mycam;
int videoscale = 4;
int cols, rows;
void setup() {
  size(640, 480, P2D);
  background(0);
```

```
    cols = 40;
    rows = 30;
    mycam = new Capture(this, 160, 120);
    mycam.start();
}
void captureEvent(Capture mycam) {
    mycam.read();
}
void draw() {
    mycam.loadPixels();
    for (int i=0; i<cols*4; i += 8) {
        for (int j=0; j<rows*4; j += 8) {
            int x = i*videoscale;
            int y = j*videoscale;
            color c = mycam.pixels[i+j*mycam.width];
            fill(c);
            rect(x, y, videoscale*4, videoscale*4);
        }
    }
}
```

运行该程序(sketch_922)，查看效果如图 9-23 所示。

在这个程序的基础上，继续创建一个动态笔画的效果。修改代码如下：

扫码看效果

图 9-23

```
import processing.video.*;
Capture mycam;
float x;
float y;
void setup() {
    size(640, 480);
    background(255);
    x = width/2;                              // 定义笔画初始 x 坐标
    y = height/2;                             // 定义笔画初始 y 坐标
    mycam = new Capture(this, 320, 240);
    mycam.start();
}
void captureEvent(Capture mycam) {
    mycam.read();
}
```

```
void draw() {
  mycam.loadPixels();
  float newx = constrain(x+random(-20, 20), 0, width-2);
  float newy = constrain(y+random(-20, 20), 0, height-2);
  int midx = int((newx + x) / 2);                 // 平均坐标值
  int midy = int((newy + y) / 2);
  color c = mycam.pixels[(width-2-midx)/2 + midy*mycam.width/2];
  stroke(c);
  strokeWeight(4);
  line(x, y, newx, newy);                          // 绘制线段
  x = newx;                                        // 保存新的点坐标
  y = newy;
}
```

运行该程序 (sketch_923)，查看效果如图 9-24 所示。

扫码看效果

图 9-24

9.5　加载音频

在 Processing 中加载音频库，就可以拥有播放、分析和生成声音的功能。这个库需要通过库管理系统进行下载。

Processing 的声音文件可以兼容一系列文件格式，包括 WAV、AIFF 和 MP3 等。当一个声音文件被加载，它就可以被播放、停止及循环播放，甚至可以使用不同的特效进行声音的处理。

1. 播放声音文件

声音库中最经常用到的声音就是背景音乐，或者是系统中事件触发的提示音。

首先在程序的开始处导入声明：

```
import processing.sound.*;
```

接下来定义 SoundFile，它在 setup() 函数中被加载，可以在程序的任意地方使用：

```
SoundFile song;
```

通过将声音的文件名传递给构造函数，对象被初始化，同时引用到 this：

```
song = new SoundFile(this,"Yesterday.mp3");
```

从硬盘中载入声音文件是一个缓慢的过程，与载入图片一样。所以前面的一行代码

应该放到 setup( ) 中，这样不会阻碍 draw( ) 的速度。

如果只播放声音一次，则使用 play( ) 函数；如果希望声音可以循环播放，可调用 loop( ) 函数替代 play( ) 函数；如果要停止播放声音，可以使用 stop( ) 函数和 pause( ) 函数。

下面的示例是自动播放一段音乐，当单击鼠标时，Processing 会开始或暂停（或者继续）声音播放。输入代码如下：

```
import processing.sound.*;
SoundFile song;

void setup() {
  size(640, 480);
  song = new SoundFile(this, "Yesterday.mp3");
  song.play();
}
void draw() {
}
void mousePressed() {
  if (song.isPlaying()) {
    song.pause();
  } else {
    song.play();
  }
}
```

运行该程序 (sketch_924)，监听声音播放效果。

播放声音文件同样对短音效果有效，比如点击某处或某个图形就播放门铃声音。基于这样的思路，完全可以制作一个键盘交互的程序，按压在不同的按键图形上，播放相应的短音效文件，如果用心的话可以弹奏出音符不太复杂的乐曲。

在声音播放的过程中，可以实时控制声音采样，比如音量、音调和平移等，都可以控制。

在声音世界中，音量的专业术语是振幅 (amplitude)。一个 SoundFile 对象的音量可以通过函数 amp( ) 进行设置，它采用一个介于 0.0 和 1.0 之间的浮点值。

```
float volume = map(mouseY,0,height,0,1);
Song.amp(volume);
```

通过鼠标上下滑动控制音量，为了看得更加直观和清晰，我们绘制一个矩形，其高度也是随着鼠标上下移动而改变。输入代码如下：

```
import processing.sound.*;
SoundFile song;
void setup() {
  size(640, 480);
  song = new SoundFile(this, "Yesterday.mp3");
  song.play();
```

```
}
void draw() {
  background(200);
  float volume = map(mouseY, height, 0, 0, 1);
  song.amp(volume);
  rect(280, 400, 60, -volume*300);
}
```

运行该程序 (sketch_925)，查看矩形高度变化和监听音量随鼠标上下变化的情况，如图 9-25 所示。

图 9-25

平移 (pan) 是指组成声音的两个声道的音量 (通常是左和右)。如果声音平移到左侧，那么左侧将会达到最大音量，而右侧的音量为 0。在代码中调整平移和前面调整振幅是一样的，只是变化范围介于 -1.0 和 1.0 之间。

音调 (pitch) 通过使用函数 rate( ) 来改变播放速率进行调整 (播放越快，音调越高，播放越慢，音调越低)。速率值为 1.0 时是正常的速度，是 2.0 时为两倍速，以此类推。

2. 从话筒中听取声音

除了播放声音，Processing 可以"听"声音。通过电脑的话筒 (传声筒) 硬件，Sound 库可以直接读取实时的话筒声音。对获取的声音可以进一步进行分析、修改和播放。

从连接的话筒中获得音量需要以下两个步骤：

(1) AudioIn 类用来从话筒中获得信号数据，Amplitude 类用来度量话筒的信号数据。这两个类定义的对象都放在代码的开头，并在 setup( ) 函数中创建。

(2) 在 Amplitude 对象 (指定变量名为 amp) 创建之后，AudioIn(这里是 mic) 会通过 input( ) 函数将其指定为输入。为了读取麦克风的音量，需要在 Amplitude 对象中插入一个不同的输入。因此，创建一个 AudioIn 对象并调用 start( ) 开始监听麦克风。

输入代码如下：

```
import processing.sound.*;
AudioIn mic;                              // 声音输入
Amplitude amp;                            // 音量
void setup() {
  size(640, 480);
  mic = new AudioIn(this, 0);             // 话筒赋值
  mic.start();
  amp = new Amplitude(this);              // 音量赋值
```

```
  amp.input(mic);                                   // 话筒输入音量
}
void draw() {
  noStroke();
  fill(30, 80, 60, 10);
  rect(0, 0, width, height);
  float diameter = map(amp.analyze(), 0, 1, 20, width);
  // 映像音量值并赋给圆形直径
  fill(255);
  ellipse(width/2, height/2, diameter, diameter);
}
```

运行该程序(sketch_926)，对着话筒讲话或者吹口哨，查看屏幕上圆形的变化情况，如图 9-26 所示。

扫码看效果

图 9-26

程序中的 amp 的 analyze( )函数可以在任何时候读取话筒的声音数据。在这个例子中，每次用 draw( )函数的时候读取该值，将声音数据映射成为绘制的圆的大小。

在 Processing 中分析声音的音量只是简单的应用，如果想要知道不同频率声音的音量，了解一个高频或低频的声音，可采用更加高级的应用。频谱分析的过程是读取一个声音信号(声波)，然后将其解码为一系列频段。可以将这些频段想象成分析过程的"分解"阶段，频段越多就越能得到指定频率越精确的振幅，而频段越少则越可以找到更广范围频率的声音的音量。

频谱分析的第一步是需要一个 FFT 对象。FFT 对象和前面示例中 Amplitude 对象的作用相同，只是这次它提供了一个振幅值(对于每个频段)的数组，而不是一个整体的音量水平。FFT 是"快速傅里叶变换"(Fast Fourier Transform)的缩写，指的是将波形转换为频率振幅数组的一种算法。

```
FFT fft = new FFT(this,512);
```

注意 FFT 构造函数需要另外一个参数，是一个整数，这个数值用来指定想要生成频谱中频带的数量，一般常用的默认值是 512，也可以自定义该数值。一个频段，恰好相当于制作一个 Amplitude 分析对象，然后将音频(不论是来自一个文件、生成的声音或者麦克风)插入到 FFT 对象中。

```
SoundFile song = new SoundFile(this,"Yesterday.mp3");
fft.input(song);
```

最后调用函数 analyze( )。

下面编写一个示例，将每个频段绘制为线条，其高度和频率的振幅相关联。输入代码如下：

```
import processing.sound.*;
SoundFile song;
FFT fft;
int bands = 512;
void setup() {
  size(512, 400);
  song = new SoundFile(this, "Yesterday.mp3");
  song.play();
  fft = new FFT(this, bands);
  fft.input(song);
}
void draw() {
  background(255);
  fft.analyze();
  for (int i=0; i<bands; i++) {
    stroke(0);
    float y = map(fft.spectrum[i], 0, 1, height*0.8, 0);
    line(i, height*0.8, i, y);
  }
}
```

运行该程序 (sketch_927)，查看效果如图 9-27 所示。

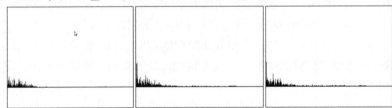

图 9-27

3. 声音合成

除了播放和分析声音，Processing 还可以直接合成声音。声音合成的基础是波形函数，包括正弦波形、三角波形及方形波形。sine 波形的声音听起来是平滑的，而方形波形的声音是刺耳的，三角波形的效果大概介于两者之间。每个波形有一系列特征属性，其中频率的单位用赫兹 (Hz) 表示，决定了声音的音高，而音量决定了声音的强度，即声音的大小。

事实上，声波可以通过两个与正弦波相关的关键特征进行描述：频率和振幅。越高的波形，振幅（波峰和波谷之间的距离）越大；反之越低，则振幅越小。振幅就是音量的专业术语，因此振幅越大意味着声音越高。

声波的频率与它重复的频繁程度相关，而与周期刚好相反。周期指的是完成一个完整波形所耗费的时间。一个高频波（或者高音调的声音）意味着其重复非常频繁，而低频波的波形被拉伸了，波形图看上去更宽。

在 Processing 中可以使用振荡器对象，指定一个声音的振幅和频率。振荡是波形的另一种术语，一个生成正弦波形的振荡器是 SinOsc 对象。

```
SinOsc osc = new SinOsc(this);
```

如果希望通过扬声器听到生成的声音，可以调用 play( ) 函数。

```
osc.play();
```

在程序运行中可以控制波形的频率和振幅。频率是通过函数 freq( ) 进行调整的，要想调整振荡的音量，可以调用函数 amp( )。

```
osc.freq(440);            // 这个波形的频率设置为 440Hz。
osc.amp(0.5);             // 将音量设置为全音量的 50%。
```

下面是一个通过鼠标控制声音频率的编程示例。输入代码如下：

```
import processing.sound.*;
SinOsc osc;
void setup() {
  size(400, 300);
  osc = new SinOsc(this);
  osc.play();
}
void draw() {
  background(0);
  float freq = map(mouseX, 0, width, 100, 880);
  osc.freq(freq);
  ellipse(mouseX, 100, 32, 32);
}
```

运行该程序 (sketch_928)，左右拖曳鼠标，监听声音效果如图 9-28 所示。

图 9-28

利用 Processing 还可以合成其他类型的波形，包括锯齿波 (SawOsc)、矩形波 (SquOsc)、三角波 (TriOsc) 和脉冲波 (Pulse)。尽管这些声音具有不同的属性，但是它们都可以使用前面介绍的相同的函数进行控制，比如可以使用 pan( ) 函数实现平移，其变化范围是从左到右 (–1 ~ 1)。

除了波形之外，在 Processing 中还可以生成"噪声"。音频噪声通常使用颜色进行描述，如白色噪声是用来描述所有频率上随机振幅的分布比较均匀的术语，而粉色噪声和棕色噪声，在较低的频率声音较大，而在较高的频率处声音较软。

```
import processing.sound.*;
WhiteNoise noise;
void setup() {
  size(400, 300);
```

```
    noise = new WhiteNoise(this);
    noise.play();
  }
void draw() {
  background(0);
  float vol = map(mouseX, 0, width, 0, 1);
  noise.amp(vol);
  ellipse(mouseX, 100, 32, 32);
}
```

运行该程序 (sketch_929)，查看效果如图 9-29 所示。

图 9-29

9.6 扩展练习

　　结合前面学过的摄像头实时视频调用像素的方法，我们再来制作一个跟随人互动的立方体动态背景的效果。它主要是应用实时视频中亮度控制立方体的大小而产生交互的运动。输入代码如下：

```
import processing.video.*;
Capture mycam;
void setup() {
  size(1280, 720, P3D);                    // 设置三维画布尺寸
  mycam = new Capture(this, 320, 240);
  mycam.start();
}
void captureEvent(Capture mycam) {
  mycam.read();
}
void draw() {
  background(0);
  mycam.loadPixels();                      // 调用像素
  int pixelSize = 20;                      // 定义 20 个像素为一个块
  float videoScale = 4;                    // 指定摄像头视频的显示比例
  for (int y=0; y<mycam.height; y+=pixelSize) {
    for (int x=0; x<mycam.width; x+=pixelSize) {
```

```
        int camPixelPos = x+y*mycam.width;
        color pixCol = mycam.pixels[camPixelPos];
        float pixBrightness = 255-brightness(pixCol);      // 指定像素的亮度
        fill(pixCol);
        pushMatrix();
        translate(x*videoScale, y*videoScale, pixBrightness);
        box(pixBrightness*0.4);                            // 绘制立方体
        popMatrix();
      }
    }
}
```

运行该程序 (sketch_930)，查看效果如图 9-30 所示。

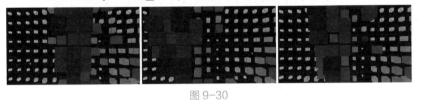

扫码看效果

图 9-30

第10章

使用库创作

Processing 程序本身具有非常丰富的功能，可以创建各种复杂和高级的效果。对于很多美术师、设计师而言，编程不是他们的强项，而开源的 Processing 平台的扩展库足以解决这些困惑，如视频、串行、OpenCV、游戏、物理建模、数据包监测、生成文本、GUI 控制、流体模拟、Kinect 体感互动、Leapmotion 手势互动和 PeasyCam 摄像机等。

10.1 扩展库概述

每次在 Processing 中调用一个函数，比如 line( )、background( )、stroke( ) 等，其实是在调用 Processing 核心库中的一个可用函数。尽管核心库已经涵盖了大多数的基本功能，但是对于一些更复杂、更高级的功能，必须导入那些非 Processing 默认的特定库，比如视频、网络、物理特性、串行、相机控制、OpenCV、游戏、GUI 等。

一些内置的库并不需要安装，在安装完 Processing 后就可以直接使用这些库。下面我们着重讲解第三方扩展库的安装和调用。

10.2　库的安装和调用

Processing 拥有非常丰富的开源第三方库，功能多种多样，包罗万象，有物理建模、数据包监测、生成文本、GUI 控制、计算机视觉、Kinect 体感互动、Leap Motion 手势互动、PeasyCam 摄像机等。

如果需要扩展库，就要下载和安装。选择菜单【速写本】→【引用库文件】→【添加库文件】命令，在弹出的 Contribution Manager 对话框中选择需要安装的库选项，然后单击右下角的 Install 按钮，如图 10-1 所示。

我们也可以按照种类进行筛选，选择需要安装的库选项，然后单击右下角的 Install 按钮，如图 10-2 所示。

图 10-1

图 10-2

通过搜索框输入关键词，可进行快速搜索。比如，通过输入"liquid"就能很快找到 Processing 的流体效果库，然后单击右下角的 Install 按钮，如图 10-3 所示。

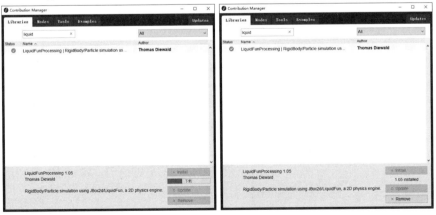
图 10-3

已经安装好的库会在前面标记，如图 10-4 所示。

当发布库的更新时，可以通过管理器更新库，也可以单击库管理器右上角的 Updates 按钮查看哪些库可以进行更新，如图 10-5 所示。

图 10-4　　　　　　　　　　　　　　　　　图 10-5

　　管理器中列出的所有库选项都是经过了 Processing 测试的，当然还可以在线找到管理器中没有列出的很多非常优秀的库，通过手动方式完成安装。下载相关库的压缩包到本地，解压并复制到 Processing 下的 libraries 文件夹中，前面安装的所有库都存放在这个文件夹中，如图 10-6 所示。

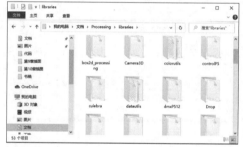

图 10-6

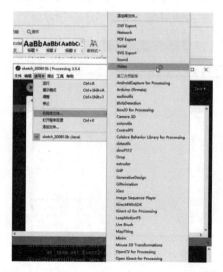

图 10-7

不论是手动安装，还是通过管理器安装，只要安装正确，都可以很方便地调用 Processing 中的扩展库。选择菜单【速写本】→【引用库文件】命令，然后选择需要的库选项，如图 10-7 所示。

一旦选择了加载的库，在程序编辑窗口中会自动添加相应的语句，如图 10-8 所示。

图 10-8

导入了库，接下来就可以继续输入代码，比如下面一段播放视频的代码：

```
import processing.video.*;
Movie myav;
void setup() {
  size(640, 480);
  myav = new Movie(this, "open.mp4");
  myav.loop();
}
void draw() {
  if (myav.available()) {
    myav.read();
  }
  image(myav, 0, 0);
}
```

10.3　库的应用范例

安装了扩展库，往往也会添加大量相应的范例程序。选择菜单【文件】→【范例程序】命令，即可展开可用的范例程序，如图 10-9 所示。

选择其中的范例，就可以在编辑区打开代码，如图 10-10 所示。

除了安装扩展库会添加相应的范例程序外，还可以通过管理器下载安装很多范例程序，如图 10-11 所示。

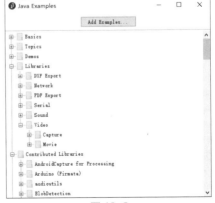

图 10-9

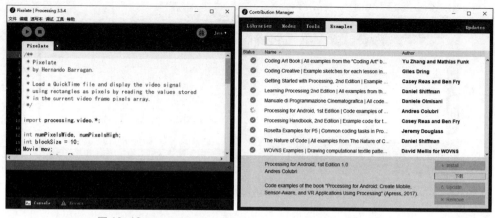

图 10-10　　　　　　　　　　　　　　　　　　　图 10-11

对于大多数设计师来说，参考和分析这些开源的范例程序，能够很快上手编写需要的程序，完成自己的创意。范例程序都分类在不同的文件夹中，如图 10-12 所示。

下面简单介绍几个典型的范例程序，通过效果图快速了解这些范例的特征。第一组 Basics，其中包含 16 个分组，如图 10-13 所示。

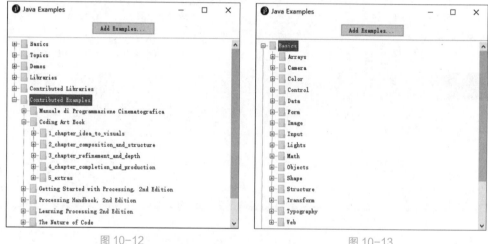

图 10-12　　　　　　　　　　　　　　　　　　　图 10-13

基础范例包含 Arrays(数组)、Camera(相机)、Color(颜色)、Control(控制)、Data(数据)、Form(构成)、Image(图像)、Input(输入)、Lights(灯光)、Math(数学)、Objects(对象)、Shape(图形)、Structure(结构)、Transform(变换)、Typography(文本) 和 Web(网络)。我们分别打开其中的一个范例，比如 Arrays 组中的 Arrayobjects，运行该程序，查看效果如图 10-14 所示。

这些范例程序对于初学者来说非常有用，可以结合前面的基础内容找到对应的范例，进行参照和分析，有助于理解和编写自己的程序。比如对上例形成的效果，可以修改其圆点数量和填充颜色，使它更加符合设计需要，如图 10-15 所示。

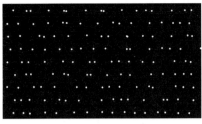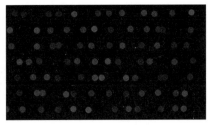

图 10-14　　　　　　　　　　图 10-15

接下来我们再看其他几组中的范例，效果如图 10-16 所示。

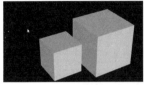

Camera 组 Perspective

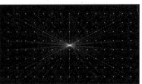

Color 组 WaveGradient

Control 组 EmbeddedIteration

Data 组 CharacterStrings

Form 组 Star

Image 组 CreateImage

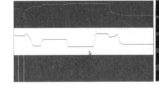

Input 组 MouseSignals

Lights 组 MixtureGrid

Math 组 Graphing2DEquation

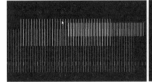

Objects 组 Objects

Shape 组 LoadDisplayOBJ

Structure 组 CreateGraphics

Transform 组 Arm

Typography 组 Words

Web 组 EmbeddedLinks

图 10-16

Topics 组包含更多的范例程序，如图 10-17 所示。

我们挑选其中几组范例程序，运行该程序，查看效果如图 10-18 所示。

151

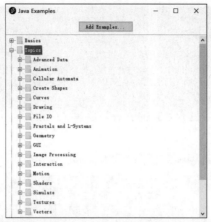

图 10-17

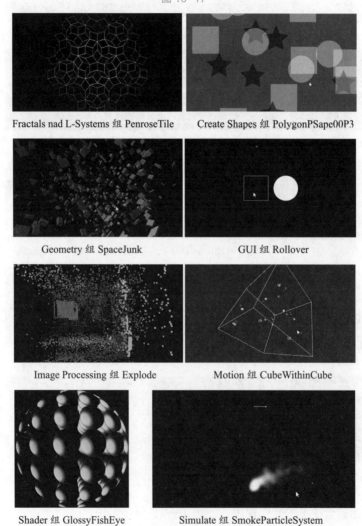

图 10-18

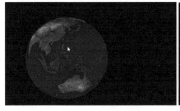

扫码看效果

Texture 组 TextureSphere　　　　Vectors 组 AccelerationWithVectors

图 10-18(续)

接下来查看 Demos 组，包含三个分组，其中各包含多个范例程序，如图 10-19 所示。

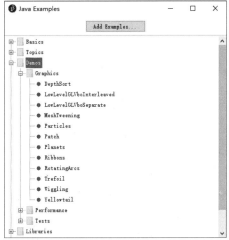

图 10-19

选择其中的几个范例程序，运行并查看效果，如图 10-20 所示。

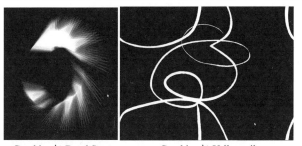

Graphics 组 DepthSort　　　　　Graphics 组 Yellowtail

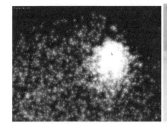

Graphics 组 Particles　　　　Performance 组 CubicGridRetained

图 10-20

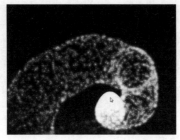

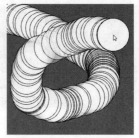

扫码看效果

Performance 组 DynamicParticlesImmediate　　　Tests 组 NoBackgroundTest

图 10-20(续)

在 Libraries 组中包含了多个范例程序，如图 10-21 所示。

Contributed Libraries 组包含丰富的特效范例程序，这些主要是管理器安装的扩展库或者手动添加的库所带的范例，如图 10-22 所示。

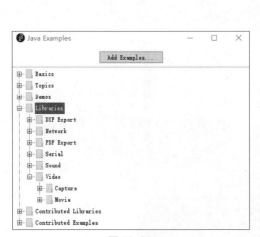

图 10-21　　　　　　　　　　　　　　　　图 10-22

同样，为了更快了解这些范例程序，我们可以选择几个并运行，查看一下效果，如图 10-23 所示。

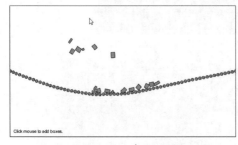

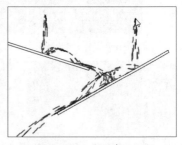

Box2D for Processing 组 BridgeExample　　　　Box2D for Processing 组 Liquidy

图 10-23

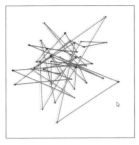

Camera 3D 组 RandomLines

colorutils 组 MultiColorGradient

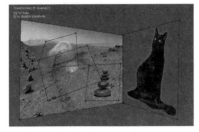

Free Tranform 组 Hello

G4P 组 G4P_Slider2D

PeasyCam 组 CamHeadUpDisplay

PixelPusher 组 pixelpusher_starfield

Verletphysics 组 ForeDirectedGraph

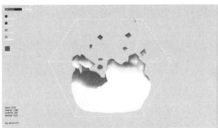

volumeutils 组 BoxFluidDemo

扫码看效果

图 10-23(续)

10.4 扩展练习

这一节重点介绍了 PixelFlow 范例程序组，它在流体、烟雾、粒子特效方面有着非同凡响的表现力。它包含了 11 个分组，其中又各自包含了多个范例程序，如图 10-24 所示。

为了更直观地了解这组范例程序的效果，我们选择并展开 FlowFieldParticles 组，如图 10-25 所示。

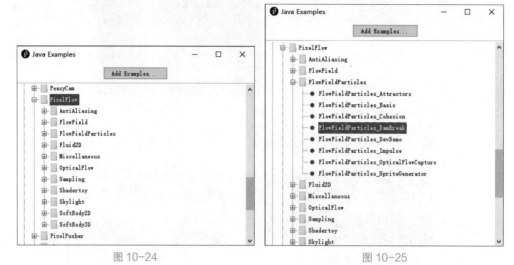

图 10-24   图 10-25

双击打开 FlowFieldParticles_DamBreak 项，运行该程序，这是一个鼠标交互的粒子流动效果，如图 10-26 所示。

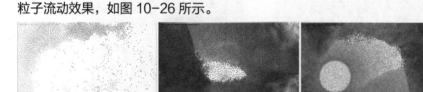

图 10-26   扫码看效果

效果很惊艳吧！那就再打开一组 Fluid2D，这也是笔者特别喜欢的一组范例，如图 10-27 所示。

图 10-27

选择并打开 Fluid_LiquidText 项，运行该程序，查看效果如图 10-28 所示。

扫码看效果

图 10-28

在 Processing 代码编辑区中，根据自己的需要修改字符，如图 10-29 所示。

```
pg.text("Processing", px, py);

py += line_height;
pg.fill(0, 130, 230);
//    pg.fill(8);
pg.text("Smoke", px, py);

py += line_height;
pg.fill(0, 130, 230);
//    pg.fill(8);
pg.text("D-Form", px, py);

pg.endDraw();
}
```

图 10-29

运行该程序，单击并拖动鼠标，查看交互的文字烟雾效果，如图 10-30 所示。

扫码看效果

图 10-30

交互设计篇

第11章

互动响应

与 Processing 程序进行互动，最直接也是最简单的方法就是使用鼠标和键盘。结合鼠标和键盘，Processing 可以完成多种互动娱乐：鼠标可以控制屏幕上光标的位置和选择界面元素，通过读取光标位置所获取的值，可以用来控制程序界面上的各个元素；键盘可以用于输入字符，完成各种信息的输入，或者使用方向键控制等。此外，Processing 可进行声音交互与时间触发，即应用声音和计时器触发一个事件，如控制粒子发射的位置、调整粒子的颜色和速度等。

11.1 鼠标响应

Processing 结合鼠标，可以完成多种丰富的互动娱乐。本节将详细介绍与鼠标相关的系统变量。

1. 按键变量

mousePressed 是用于判断鼠标是否有按键被按下的变量，是系统布尔变量。mousePressed 为 true，代表有鼠标按键被按下；为 false 代表鼠标按键没有被按下。

mouseButton 这个关键词表示如果有鼠标按键被按下，Processing 会自动跟踪。mouseButton 的系统变量包含 LEFT、RIGHT 和 CENTER，这取决于鼠标的哪个键被按下。

下面我们通过一个示例直观地演示一下，画面中有一个灰色的矩形，鼠标左键按下时变为黑色，右键按下时变为白色。输入代码如下：

```
void setup() {
  size(640, 480);
}
void draw() {
  if (mousePressed&&(mouseButton == LEFT)) {
    fill(0);
  } else if (mousePressed&&(mouseButton == RIGHT)) {
    fill(255);
  } else {
    fill(128);
  }
  rect(240, 120, 200, 200);
}
```

运行该程序 (sketch_1101)，查看效果如图 11-1 所示。

图 11-1

2. 坐标变量

mouseX 变量指的是当前鼠标所在的水平坐标。

mouseY 变量指的是当前鼠标所在的垂直坐标。

绘制一个鼠标控制的矩形，输入代码如下：

```
void setup() {
  size(640, 480);
}
void draw() {
  background(255);
  strokeWeight(4);
  rect(60, 60, mouseX, mouseY);
}
```

运行该程序 (sketch_1102)，查看效果如图 11-2 所示。

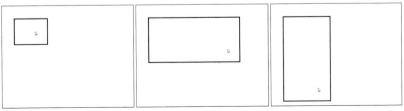

图 11-2

3. 特殊坐标变量

pmouseX 变量指的是先前帧的水平坐标。

pmouseY 变量指的是先前帧的垂直坐标。

在 draw( ) 函数中，pmouseX 和 pmouseY 每帧更新一次，在鼠标事件中，它们只会在事件被调用的时候更新，如 mousePressed( )、mouseMoved( )。

绘制一串椭圆，椭圆跟随鼠标移动，并且鼠标移动快慢影响椭圆的大小。输入代码如下：

```
float diameter;
void setup() {
  size(640, 480);
}
void draw() {
  fill(255, 20);
  rect(0, 0, width, height);
  fill(0);
  diameter = dist(mouseX, mouseY, pmouseX, pmouseY);
  // 测量鼠标移动的快慢
  ellipse(mouseX, mouseY, diameter, diameter);
}
```

运行该程序 (sketch_1103)，查看效果如图 11-3 所示。

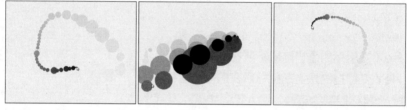

图 11-3

鼠标位置确定的坐标，可以用 constrain( ) 函数将一个数值限制在一个范围内。

```
constrain(value,min,max);
```

比如绘制一个圆形随鼠标移动，但限定在矩形边框内。输入代码如下：

```
void setup() {
  size(640, 480);
}
void draw() {
  background(0);
  float mx = constrain(mouseX, 140, 460);
  float my = constrain(mouseY, 140, 360);
  fill(100);
  rect(100, 100, 400, 300);
  fill(255);
  ellipse(mx, my, 80, 80);
}
```

运行该程序 (sketch_1104)，查看效果如图 11-4 所示。

图 11-4

4. 鼠标单击函数

鼠标单击函数 mouseClicked( ) 是在鼠标被按下然后松开的那一瞬间被调用的。
在画面中单击鼠标，完成黑色圆形和白色正方形之间的切换。输入代码如下：

```
int value;
void setup() {
  size(640, 480);
  value = 0;
}
void draw() {
  fill(value);
  background(125);
  if (value == 0) {
    ellipse(320, 240, 200, 200);
  } else {
    rectMode(CENTER);
    rect(320, 240, 200, 200);
  }
}
void mouseClicked() {
  if (value == 0) {
    value = 255;
  } else {
    value = 0;
  }
}
```

运行该程序 (sketch_1105)，查看效果如图 11-5 所示。

图 11-5

5. 鼠标拖动函数

鼠标拖动函数 mouseDragged( ) 在鼠标拖动的时候被调用。拖动是指按下鼠标(左、右或中键的任一键)时移动鼠标。

画面中有个黑色的矩形,鼠标拖动时矩形颜色从黑色逐渐变成白色再变成黑色,如此循环。输入代码如下:

```
int value;
void setup() {
  size(640, 480);
  value = 0;
}
void draw() {
  fill(value);
  rectMode(CENTER);
  rect(320, 240, 200, 200);
}
void mouseDragged() {
  value = value+2;
  if (value>255) {
    value = 0;
  }
}
```

运行该程序 (sketch_1106),查看效果如图 11-6 所示。

图 11-6

还有其他的与鼠标有关的函数,比如鼠标移动函数 mouseMoved( )、鼠标按下函数 mousePressed( )、鼠标释放函数 mouseReleased( )、鼠标滚轮函数 mouseWheel( ) 等,这些都具有互动触发的功能。

6. 鼠标图标函数

noCursor( ) 函数能隐藏光标,而 cursor( ) 函数能将光标显示为不同的图标。运行 noCursor( ) 函数会一直隐藏光标,直到 cursor( ) 被运行。

给 cursor( ) 添加一个参数,可以改变光标的图标,这个参数可以是 ARROW(箭头)、CROSS(叉号)、HAND(手形)、TEXT(文字)和 WAIT(等待号)。例如,画一个矩形当作按钮,鼠标经过按钮时变成手形(模拟按钮)。输入代码如下:

```
void setup() {
  size(640, 480);
```

```
    strokeWeight(4);
}
void draw() {
    if (mouseX>100&&mouseX<200&&mouseY>100&&mouseY<150) {
        cursor(HAND);
        stroke(200, 0, 0);
    } else {
        cursor(ARROW);
        stroke(0, 0, 200);
    }
    rect(100, 100, 100, 50);
}
```

运行该程序 (sketch_1107)，查看效果如图 11-7 所示。

扫码看效果

图 11-7

11.2　键盘响应

1. 键盘的系统变量

key 是系统变量，它指的是键盘上最近被使用的键（无论是按下或者松开）。key 得到的是按键上代表的字符的 ASCII 码，当按下特殊键时（如 UP、DOWN、LEFT、RIGHT 方向键，以及 Alt、Ctr、Shift 键），ASCII 码的赋值可以扩展到 65535。

keyPressed 是一个布尔型系统变量。如果 keyPressed 的值是 true，表示有键盘按键被按下；如果值是 false，表示没有键盘按键被按下。

画一个描边为蓝色的白色矩形，按任意键时描边变黄，填充变绿，按 r 键时填充变红。输入代码如下：

```
void setup() {
    size(640, 480);
    strokeWeight(8);
}
void draw() {
    if (keyPressed == true) {
        stroke(200, 200, 0);
```

```
    if (key == 'r') {
      fill(200, 0, 0);
    } else {
      fill(0, 200, 0);
    }
  } else {
    stroke(0, 0, 200);
  }
  rectMode(CENTER);
  rect(320, 240, 300, 200);
}
```

运行该程序 (sketch_1108)，查看效果如图 11-8 所示。

扫码看效果

图 11-8

keyCode 是系统变量，它用于检测键盘上的特殊键。检查这些键是否为特殊键，可以使用条件语句 if(key==CODED) 来完成。

keyCode 得到的是键盘编码，包含了特殊键编码，注意应与 key 区分开。当按下小写字母的时候，记录的是大写字母的 ASCII 码。

在画面中绘制一个灰色矩形，按上键 UP 变为白色，按下键 DOWN 变为黑色，按其他键变为灰色。输入代码如下：

```
float col;
void setup() {
  size(640, 480);
  col = 125;
}
void draw() {
  fill(col);
  rectMode(CENTER);
  rect(320, 240, 300, 200);
}
void keyPressed() {
  if (key == CODED) {
    if (keyCode == UP) {
      col = 255;
    } else if (keyCode == DOWN)
    {
      col = 0;
```

```
  }
} else {
  col = 125;
}
}
```

运行该程序 (sketch_1109)，查看效果如图 11-9 所示。

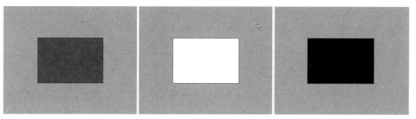

图 11-9

2. 键盘事件函数

keyPressed( ) 是键盘按下函数，每次键盘有按键被按下的时候，keyPressed( ) 函数就会被调用，被按下的键值存储在 key 变量中。由于操作系统会重复处理按键，所以当一直按着一个键的时候，可能会多次调用 keyPressed( )。重复的速率是由计算机的操作系统和配置方式来决定的。

keyReleased( ) 是键盘释放函数。每次键盘按键被松开的时候，keyReleased( ) 函数就会被调用，被松开的键值存储在 key 变量中。

设置当按键时以按键的 ASCII 码作为边长画一个正方形，松开按键时正方形消失。输入代码如下：

```
int value = 0;
void setup() {
  size(640, 480);
}
void draw() {
  rectMode(CENTER);
  rect(320, 240, key, key);
  if (value == 0) {
    background(255);
  }
}
void keyPressed() {
  value = key;
}
void keyReleased() {
  value = 0;
}
```

运行该程序 (sketch_1110)，查看效果如图 11-10 所示。

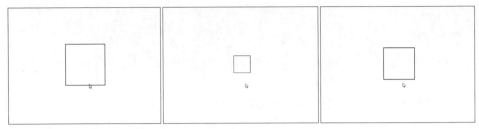

图 11-10

3. 键盘限定按下函数

keyTyped( )是键盘限定按下函数，指的是某个键被按下时，特殊键如 UP、DOWN、LEFT、RIGHT、CAPS、LOCK、COMMAND、Ctrl、Shift 和 Alt 会被忽略，其他按键则会触发该函数。

在消息控制台输出前面 3 种函数下 keyCoded 的值。输入代码如下：

```
void setup() {
  size(640, 480);
}
void draw() {  }
void keyPressed() {
  println("pressed"+int(key)+" "+keyCode);
}
void keyTyped() {
 println("typed"+int(key)+" "+keyCode);
}
void keyReleased() {
 println("released"+int(key)+" "+keyCode);
}
```

运行该程序 (sketch_1111)，查看控制台显示的信息，如图 11-11 所示。

图 11-11

11.3　声音交互

所谓声音交互，就是在有声音出现的时候会触发一个事件，比如最常见的"声控灯"，鼓掌、跺脚、口哨声响之后，灯就会亮起，再次响起，灯可以灭掉。要想在 Processing 中编写"声控灯"的程序，就需要读取声音信息，并在声音音量达到高值时，触发一个控灯事件。

我们通过麦克风拾取声音，控制图形的绘制，设定音量的阈值为 0.1，在阈值之上会触发事件，在阈值之下则不会触发事件。输入代码如下：

```
import processing.sound.*;
AudioIn mic;
Amplitude analyzer;
float threshold = 0.1;
void setup() {
  size(640, 480);
  mic = new AudioIn(this, 0);
  mic.start();
  analyzer = new Amplitude(this);
  analyzer.input(mic);
}
void draw() {
  float volume = analyzer.analyze();
  if (volume>threshold) {
    stroke(0);
    fill(0, 100);
    rect(random(40, width), random(height), 20, 20);
    float y = map(volume, 0, 0.2, height, 0);
    float ythreshold = map(threshold, 0, 1, height, 0);
    noStroke();
    fill(180);
    rect(0, 0, 20, height);
    fill(0);
    rect(0, y, 20, y);
    stroke(0);
    line(0, ythreshold, 20, ythreshold);
  }
}
```

运行该程序 (sketch_1112)，查看效果如图 11-12 所示。

在交互设计中，经常用到声音与粒子系统的交互。我们打开 Processing 自带的范例文件 Demos 组中的 Particles，然后修改主程序，添加与麦克风相关的语句。修改主程序代码如下：

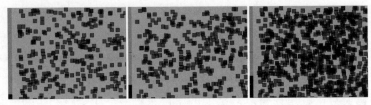

图 11-12

```
import processing.sound.*;
AudioIn mic;
Amplitude analyzer;
float px,py;

ParticleSystem ps;
PImage sprite;

void setup() {
  size(1024, 768, P2D);
  mic = new AudioIn(this, 0);
  mic.start();
  analyzer = new Amplitude(this);
  analyzer.input(mic);

  orientation(LANDSCAPE);
  sprite = loadImage("sprite.png");
  ps = new ParticleSystem(10000);
  hint(DISABLE_DEPTH_MASK);
}
void draw () {
  background(0);
  float volume = analyzer.analyze();
  ps.update();
  ps.display();

  px = map(volume,0,0.2,0,width);
  py = map(volume,0,0.2,0,height);
  ps.setEmitter(random(100,px),random(100,py));
}
```

运行该程序 (sketch_1113)，查看粒子发射与麦克风声音大小变化的效果，如图 11-13 所示。

图 11-13

Processing 不仅可以用声音控制粒子发射的位置，也可以控制粒子的颜色、速度等。

1. 时间函数

Processing 程序中通过一些特定的函数读取计算机时钟的数值，输入代码如下：

```
void setup() {
  size(600, 400);
}
void draw() {
  background(0);
  int s = second();
  int m = minute();
  int h = hour();
  String t = nf(h, 2)+":"+nf(m, 2)+":"+nf(s, 2);

  fill(255);
  textSize(36);
  text(t, 220, 200);
}
```

运行该程序 (sketch_1114)，查看效果如图 11-14 所示。

图 11-14

2. 计时器

每一个 Processing 程序都会计算运行时间，以毫秒 (1/1000s) 为计算单位，比如经过 1s 之后它会记为 1000；5s 之后它会记为 5000；1min 之后它会记为 60 000。

Mills( ) 函数用于返回计数器的值，通过控制台可以查看程序运行的时长。输入代码如下：

```
void setup() {
  size(400, 400);
}
void draw() {
  int timer = millis();
  println(timer) ;
}
```

图 11-15

运行该程序 (sketch_1115)，查看控制台显示的计秒数字，如图 11-15 所示。

我们可以用计时器在特定的时间点触发事件。与 if 语句结合，从 millis( ) 函数中返回的值可以被用于程序中的序列动画和事件。

下面的这个示例中，用变量 timer1 和 timer2 决定圆形在什么时候向左移，在什么时候向右移。输入代码如下：

```
int timer1 = 2000;
int timer2 = 6000;
float x = 0;
void setup() {
  size(640, 480);
}
void draw() {
  int currentTime = millis();
  background(200);
  if (currentTime > timer2) {
    x -= 0.5;
  } else if (currentTime > timer1) {
    x += 2;
  }
  ellipse(x, 200, 100, 100);
  int ms = millis();
  String t = nf(ms, 4);
  textSize(24);
  text(t, 300, 400);
}
```

运行该程序 (sketch_1116)，查看圆形跟随时间的运动情况，如图 11-16 所示。

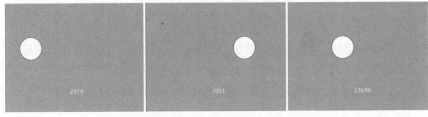

图 11-16

Processing 除了包含关于时、分、秒、毫秒的计时函数，也有关于读取日期信息的函数。day( ) 函数用于读取当前的日期，返回 1 ～ 31 的值；month( ) 函数用于读取当前的月份，返回 1 ～ 12 的值，1 就是 1 月，6 就是 6 月，12 就是 12 月；year( ) 函数用于读取当前的年份，返回当前年份的四位整数值。

在控制台显示当前的年月日，输入代码如下：

```
void setup() {
  size(640, 480);
}
void draw() {
  int d = day();
  int m = month();
  int y = year();
  println(y+" "+m+" "+d+" ");
}
```

运行该程序 (sketch_1117) 并在控制台查看当前的日期，如图 11-17 所示。

下面的示例为连续运行程序，并用于检测当日是否是本月的第一天，如果是第一天，则打出字幕"welcome to a new month!"。输入代码如下：

图 11-17

```
void setup() {
  size(640, 480);
}
void draw() {
  int d = day();
  int m = month();
  int y = year();
  String t = nf(y, 4)+nf(m, 2)+nf(d, 2);
  textSize(24);
  fill(255);
  text(t, 240, 200);
  if (d == 1) {
    String t2 = "welcome to a new month!";
    textSize(36);
    fill(255, 0, 0);
    text (t2, 100, 300);
  }
}
```

运行该程序 (sketch_1118)，查看效果如图 11-18 所示。

因为当日是 8 月 15 日，不能满足 d==1 的条件，看不到字幕"welcome to a new month!"，我们可以尝试修改一下 d==15，再运行该程序，查看效果如图 11-19 所示。

图 11-18

图 11-19

11.5 扩展练习

用麦克风实时拾取声音，控制粒子发射的位置，也控制粒子的颜色。修改主程序的代码如下：

```
......
  px = map(volume,0,0.1,0,width);
  py = map(volume,0,0.1,0,height);
......
```

再修改 Particles 类中的关于颜色的代码，具体内容如下：

```
......
  public void update() {
    lifespan = lifespan - 1;
    velocity.add(gravity);
      part.setTint(color(volume*400+200,100-volume*400,volume*400,
lifespan));
    part.translate(velocity.x, velocity.y);
  }
```

运行该程序 (sketch_1119)，查看粒子发射与麦克风声音大小变化的效果，如图 11-20 所示。

扫码看效果

图 11-20

第12章

Arduino 互动基础

Arduino 是基于一个源码开放的微控制器电路板，Processing 通过 Arduino 和相关的感应器等硬件支持，可以完成复杂的互动媒体设计系统，能够帮助设计师创作出脱离鼠标、键盘等基本输入设备的互动作品。

12.1 Arduino 入门

Arduino 是一款开放的源代码硬件项目平台，该平台是一块 USB 接口的 Simple I/O 接口板，是基于一个源码开放的微控制器电路板，具有使用类似 Java 、C 语言的开发环境，是一个能够让计算机更好地感知和控制外界的物理计算平台。用户可以快速使用 Arduino 语言与 Processing 等软件设计出互动作品，特别适合老师、学生和一些业余爱好者使用。

Arduino 有多种款式，在交互设计中用得比较多的一款是 UNO R3，先来认识一下它的外观，如图 12-1 所示。

Arduino uno R3正面   Arduino uno R3反面

图 12-1

Arduino 可以使用已经开发好的电子组件，如开关、传感器或其他控制器、LED、步进马达或者其他装置。在软件沟通的接口方面，目前 Arduino 可以支持 Flash、Processing、Max/MSP、VVVV、TouchDesigner 和其他一些互动软件。前面我们已花了大量的时间学习 Processing，它是纯软件平台，无法直接控制硬件，而借助 Arduino，可以读取各种传感器的数值，也可控制各种机电装置，可扩展用于控制智能家居、无人飞机、机器人等硬件实体。

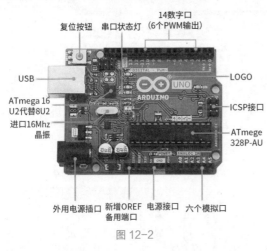

图 12-2

Arduino 同其他微控制平台相比，价格相对来说是非常低的。以最常用的 Arduino UNO 板为例，介绍一下它的主要构成，如图 12-2 所示。

数字引脚：0 ～ 13。

串行通信：0 作为 RX，接收数据；1 作为 TX，发送数据。

外部中断：2、3。

PWM 输出：～ 3、～ 5、～ 6、～ 9、～ 10、～ 11。

SPI 通信：10 作为 SS、11 作为 MOSI、12 作为 MISO、13 作为 SCK。

板上 LED：13。

模拟引脚：A0 ～ A5(在引脚号前加 A，与数字引脚区分)。

TWI 通信：A4 作为 SDA、A5 作为 SCL。

有了硬件的准备，还需要开发 Arduino 项目的软件。Arduino 软件官方下载地址为 http://arduino.cc/en/Main/Software，软件是绿色版本，能够运行在 Windows、Macintosh OS X 和 Linux 操作系统下，下载解压后即可使用，如图 12-3 所示。

Arduino 的开发环境与 Processing 非常相似，除了【文件】【编辑】【项目】【工具】和【帮助】这 5 个菜单外，在菜单栏下方还提供了 5 个常用的快捷菜单按钮，它们依次为【验证】【上传】【新建】【打开】【保存】，这 5 个快捷菜单按钮的具体功能如下。

✓ 验证：用于对完成程序的检查和编译。

➡ 上传：用于将编译完成后的程序上传到 Arduino 控制板。

📄 新建：用于新建一个 Arduino 程序文件。

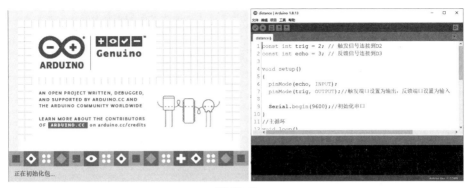

图 12-3

打开：用于打开一个已存在的 Arduino 程序文件，其文件后缀名为 .ino。

保存：用于保存当前的程序文件。

12.2 互动装置解析

所谓的互动装置就是能够通过程序来处理由传感器取得的信息，然后通过执行器及能把电子信号转换为物理动作的元器件与外界互动。Arduino 作为微控制器是我们制作互动装置非常重要部件，它是一个非常简单的计算机，能将环境信息通过传感器转换为电信号，就好像眼睛会将光线强度转换成电信号，再通过神经传递给大脑。接下来就是微处理器对信号进行处理，并由执行器做出响应，比如我们的身体中，肌肉接受大脑传来的电信号，就会转化为一个动作，在电子世界中，这样的功能可以用灯光或者电机来实现。

下面我们用一个自带的示例理解一下 Arduino 控制 LED 的效果。

首先连接 LED，长脚插入 13 引脚，短脚插入相邻的 GND 引脚，如图 12-4 所示。

打开 Arduino 的开发环境 IDE，选择菜单中的【文件】→【示例】命令，选择 01 Basics/Blink，主要代码如下：

图 12-4

```
void setup() {
  pinMode(LED_BUILTIN, OUTPUT);
}
void loop() {
  digitalWrite(LED_BUILTIN, HIGH);      // 高电位 LED 打开
  delay(1000);                          // 延迟 1 秒
  digitalWrite(LED_BUILTIN, LOW);       // 低电位 LED 关闭
```

```
    delay(1000);                                    // 延迟 1 秒
  }
```

现在 IDE 的代码编辑区中已经有了代码，需要校验这段代码是否正确。将 Arduino UNO 通过 USB 线连接到电脑，选择菜单【工具】下的端口命令，查看连接端口，如图 12-5 所示。

单击验证按钮✅，如果没有什么错误，会在 Arduino IDE 的底部看到"编译完成"的消息。这个消息意味着 Arduino IDE 将代码转换为能够被控制板运行的可执行程序，如图 12-6 所示。

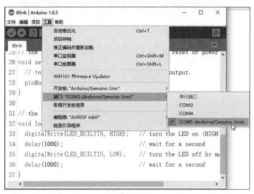

图 12-5   图 12-6

提示： 代码很容易出现书写错误，特别是像小括号、大括号、分号、逗号等，应确保字母的大小写完全正确。

一旦代码通过验证就开始执行上传。单击上传按钮➡，等待编译和上传。上传成功，LED 会每隔一秒闪烁一次，如图 12-7 所示。

图 12-7

上传会将程序写到控制板中，一旦单击上传按钮，首先会重启 Arduino 控制板，停止现在的工作，然后接收从 USB 口传过来的新指令。

下面我们讲解一下如何理解 Arduino 代码。首先，Arduino 执行代码的顺序是从上而下的，所以顶部的第一行会被第一个读取，然后往下逐行执行。其次，Arduino 一定会包含两个函数：一个是 setup( )，另一个是 loop( )。setup( ) 函数中所写的代码只会在程序开始时执行一次，而 loop( ) 函数中的代码会一遍一遍地重复执行。Arduino 不像一般的计算机，它不会同时执行多个程序，也不会退出，一旦给控制板供电则程序开始运行，如果想要停止运行，只能采取断电的方式。

在前面的示例中，使 LED 闪烁的代码执行的步骤如下：

(1) 设置 13 脚为输出（只在开始的时候运行一次）；

(2) 进入 loop 循环；

(3) 点亮 13 脚连接的 LED；

(4) 等待 1s；

(5) 关闭 13 脚连接的 LED；

(6) 等待 1s；

(7) 回到 loop 循环开始的位置。

下面我们编写一个稍复杂些的程序：逐渐点亮和逐渐熄灭 LED。先连接电路，如图 12-8 所示。

这次我们使用了面包板、电阻 (220 欧姆) 及两根导线进行电路的连接。图 12-9 为电路示意图，方便读者看清电路的具体连接方式。

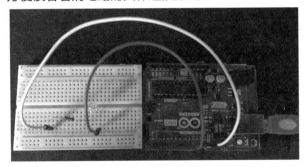

图 12-8

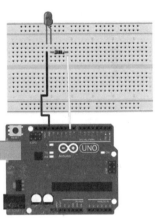

图 12-9

在 IDE 中编写代码如下：

```
int LED = 9;
int i = 0;
void setup() {
  pinMode(LED, OUTPUT);
}
void loop() {
  for (i=0; i<255; i++) {
    analogWrite(LED, i);
    delay(20);
  }
  for (i=255; 1>0; i--) {
    analogWrite(LED, i);
    delay(20);
  }
}
```

单击按钮🔘，上传代码(sketch_1201)，待上传成功，查看 LED 逐渐亮起和逐渐
熄灭的效果，如图 12-10 所示。

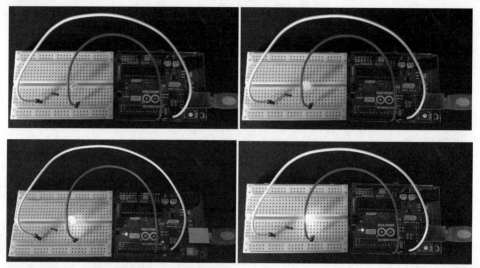

图 12-10

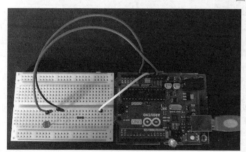

图 12-11

我们再来看一个通过 Arduino 控制板
互动的示例，用光敏电阻作为开关来控制
LED。首先连接电路，如图 12-11 所示。

LED 的长脚插 13 引脚，短脚插相邻
的 GND 引脚，光敏电阻的具体接线方式
如图 12-12 所示。

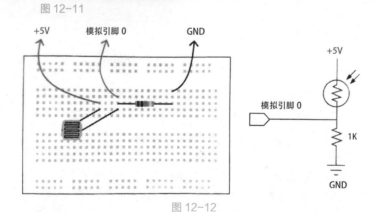

图 12-12

在 IDE 中编写代码如下：

```
int LED = 13;
int val = 0;
void setup() {
  pinMode(LED, OUTPUT);
```

```
}
void loop() {
  val = analogRead(0);
  digitalWrite(LED, HIGH);
  delay(val);
  digitalWrite(LED, LOW);
  delay(val);
}
```

单击按钮，上传该代码 (sketch_1202)，
待上传完成后，遮挡光敏电阻，查看遮挡与
LED 闪烁快慢的效果，如图 12-13 所示。

Arduino 控制板上的每一个引脚只能带
动一些电流非常小的设备，比如 LED。如果
试图驱动一些较大功率的负载，比如电机或白
炽灯，本身的引脚就带不起来了，可能还会永
久地损坏微控制器。为了安全起见，可通过
Arduino I/O 口的电流最好限制在 20ma。

图 12-13

有一些简单的技术能让我们控制这些设备，使它们能够得到更大的电流。其中一
个能实现这个功能的元件叫作 MOSFET 管。MOSFET 管是一个能够用小电流控制的
电子开关，而元件本身能够控制较大的电流。MOSFET 管有 3 个引脚，我们可以把
MOSFET 管看成两个引脚（源极和漏极）之间的一个开关，而控制这个开关的是第三个
引脚（栅极）。

除了上面说到的简单的传感器，还有更为复杂的传感器，它们不能通过函数
digitalRead( ) 或 analogRead( ) 来读取信息。这类传感器内部通常包含一个完整的电
路，可能还会有自己的微处理器。这样的传感器有数字温度传感器、超声波测距传感器、
红外测距传感器和加速度传感器等，Arduino 提供了多种方式来读取这些复杂的传感器。

12.3　Processing 与 Arduino 通信

在 Processing 平台开发的是计算机应用程序，而 Arduino 开发板是电子硬件。计
算机应用程序与电子硬件连接起来进行相互通信，实现各种控制功能，需要用到一个接
口作为沟通的桥梁，这个桥梁就是串口，即串行接口，是采用串行通信方式的扩展接口。

串口出现在 20 世纪 80 年代初期，主要为了实现连接计算机的外设，但速度较慢。
目前常用的电子设备都逐渐转为 USB 接口，很多家用计算机和笔记本电脑也都在淘汰
串口。但由于串口简单易用，在单片机、嵌入式系统、物联网和工业控制等领域有着广
泛的应用，为了方便产品开发者、电气工程师和电子爱好者的使用，市面上出现了 USB
转串口的数据线。

Arduino UNO 开发板上自带了 USB 转串口功能，使用者只需先将 USB 数据线与 Arduino 接上，并连接至计算机。然后在 Arduino 开发环境目录下的 drivers 文件夹中找到驱动程序，单击下一步按钮，直到完成驱动程序安装。在设备管理器中可以查看 USB 转串口设备所对应的串口号，比如 COM3 指的是分配给 Arduino 板的端口号，如图 12-14 所示。

图 12-14

Arduino 的串口通信是通过在头文件 HardwareSerial.h 中定义一个 HardwareSerial 类的对象 serial，然后直接使用类的成员函数来实现的。Arduino 串口通信函数的功能，如表 12-1 所示。

表 12-1　Arduino 串口通信函数的功能

函数名	功能
Serial.available( )	用来判断串口是否收到数据，读函数返回值为 int 型，不带参数
Serial.begin( )	用于初始化串口，可配置串口的各项参数，如波特率和数据位等
Serial.end( )	停止串口通信
Serial.find( )	从串口缓冲区读取数据，直至读到指定的字符串
Serial.findUntil( )	从串口缓冲区读取数据，直至读到指定的字符串或指定的停止符
Serial.parseFloat( )	从串口缓冲区返回第一个有效的 float 型数据
Serial.parseInt( )	从串口流中查找第一个有效的整型数据
Serial.peek( )	返回 1 字节的数据，但不会从接收缓冲区删除该数据
Serial.print( )	将数据输出到串口，数据会以 ASCII 码的形式输出
Serial.println( )	将数据输出到串口，并回车换行，数据会以 ASCII 码的形式输出
Serial.read( )	从串口读取数据
Serial.readBytes( )	从接受缓冲区读取指定长度的字符，并将其存入一个数组中。若该数据时间超过设定的超时时间，则退出该函数
Serial.readBytesUntil( )	从接受缓冲区读取指定长度的字符，并将其存入一个数组中。如果读到停止符，或者等待数据时间超过设定的超时时间，则退出该函数
Serial.readString( )	从串口读入字符串
Serial.readStringUntil( )	从串口读入字符串，当遇到校验字符时停止读取
Serial.setTimeout( )	使用 Serial.readBytesUntil( )、Serial.readBytes( ) 时，设置读取数据超时时间，单位是毫秒 (ms)，默认 1000ms
Serial.write( )	输出数据到串口，以字节形式输出到串口
SerialEvent( )	定义一个串口读入事件

下面是一个应用串口通信函数的示例，代码如下：

```
int col;
void setup() {
  Serial.begin(9600);
}
void loop() {
  while (Serial.available() > 0) {
    col = Serial.read();
    Serial.print("Read:");
    Serial.println(col);
    delay(1000);
  }
}
```

首先要将代码上传，待上传完成，单击 Arduino 界面右上角的按钮 ，打开串口监视器。输入任意字符，比如输入字符 hello，单击【发送】按钮，单片机接收到会返回该字符的 ASCII 码，如图 12-15 所示。

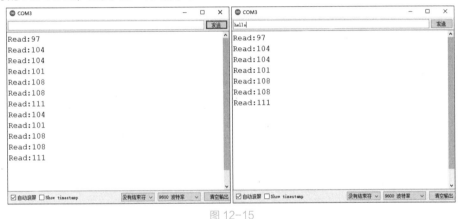

图 12-15

Processing 的串口通信由 Serial 库提供，可以通过调用成员函数来实现。Processing 串口通信函数的功能，如表 12-2 所示。

表 12-2　Processing 串口通信函数的功能

函数名	功能
available( )	检查串口是否接收到数据
read( )	从串口读入数据，数据为字节类型，范围是 0 ~ 255
readChar( )	从串口读入数据，返回字符类型数据
readBytes( )	从串口读入数据，返回字节类型数据
readBytesUntil( )	从串口读入数据，返回字节类型数据，当遇到校验字符时停止读取数据
readString( )	从串口读入数据，返回字符串类型数据
readStringUntil( )	从串口读入数据，返回字符串类型数据，当遇到校验字符时停止读取数据
buffer( )	设置缓冲区大小

（续表）

函数名	功能
bufferUntil( )	在从串口读取数据时，遇到特定字符才会停止读取数据
last( )	以字节类型返回读取到的最后一个数据
lastChar( )	以字符类型返回读取到的最后一个数据
write( )	向串口写入数据
clear( )	清空缓冲区数据
stop( )	停止串口数据传输
list( )	返回能使用的串口
serialEvent( )	自定义一个传接口接收事件

下面我们用一个比较简单的开关示例来理解 Processing 与 Arduino 的通信。先对前面的 LED 闪烁示例中的线路连接进行调整，如图 12-16 所示。

具体的连线方式参照线路图，如图 12-17 所示。

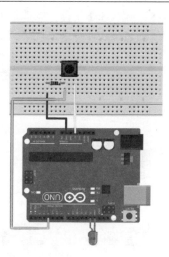

图 12-16

图 12-17

在 IDE 中修改程序代码如下：

```
int LED = 13;
int BUTTON = 4;
int val = 0;
void setup(){
pinMode(LED,OUTPUT);
pinMode(BUTTON,INPUT);
Serial.begin(9600);
}
void loop(){
  val = digitalRead(BUTTON);
  if(val == HIGH){
    digitalWrite(LED,HIGH);
  }else{digitalWrite(LED,LOW);
}
```

```
  if (digitalRead(BUTTON) == HIGH) {      // 开关闭合
    Serial.write(1);                      // 输出 1 到 Processing
  } else {                                // 开关断开
    Serial.write(0);                      // 输出 0 到 Processing
  }
delay(100);
}
```

待上传程序 (sketch_1203) 之后，按下开关则 LED 亮起，松开开关则 LED 熄灭。

打开 Processing 工作界面，打开范例程序 Libraries/Serial/SimpleRead，如图 12-18 所示。

下面举一个通过 Arduino 联动 Processing 的示例。在编辑区进行简单的修改，代码如下：

图 12-18

```
import processing.serial.*;              // 导入 serial 库
Serial myPort;                           // 实例化一个 serial 对象
int val;                                 // 接收串口数据

void setup() {
  size(640, 480);
  myPort = new Serial(this, "COM3", 9600);
}
void draw(){
  if ( myPort.available() > 0) {
    val = myPort.read();                 // 读取串口数据
  }
  background(255);
  if (val == 0) {
    fill(0);
  } else {
    fill(204);
  }
  rectMode(CENTER);
  rect(320, 240, 200, 200);
}
```

运行该程序 (sketch_1204)，并在面板上按下或松开开关，矩形颜色随之改变，如图 12-19 所示。

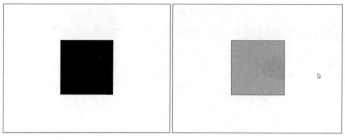

扫码看效果

图 12-19

12.4 扩展练习

图 12-20

本节练习通过 Processing 联动 Arduino，实现控制灯光或电机的效果。

首先连接好线路，使用四条线，分别连接 3、5、6 和 GND 引脚，分别连接到 RGB 全彩 LED 的对应引脚，如图 12-20 所示。

接下来编写 Arduino 的程序，输入代码如下：

```
byte valueR = 0;
byte valueG = 0;
byte valueB = 0;
void setup() {
  pinMode(3, OUTPUT);              //RGB 三个引脚需要接在 pwm 输出的引脚上
  pinMode(5, OUTPUT);
  pinMode(6, OUTPUT);
  Serial.begin(9600);
}
void loop() {
  if (Serial.available())       // 判断串口是否有数据
  {
  if (Serial.read() == 'R')valueR = Serial.read();
  // 当接收数据扫标识 R 时，读取 R 值
  }
  analogWrite(3, valueR);       //pwm 输出 RGB 值
  analogWrite(5, valueG);
  analogWrite(6, valueB);
  delay(100);
}
```

单击按钮■上传程序 (sketch_1205)，完成操作。

接下来在 Processing 中编写程序，输入代码如下：

```
float R = 0;
byte valueR;          // 串口传输时一次只能传输 8 位，定义为 Byte 型
import processing.serial.*;              // 导入串口通信库
Serial LED;                             // 创建一个串口对象
void setup() {
  size(640, 480);
  LED = new Serial(this, "COM3", 9600);    // 初始化 Arduino 串口
}
void draw() {
  background(255);
  strokeWeight(2);
  fill(R, 0, 0);
  ellipse(320, 240, 200, 200);
  R = map(mouseX, 0, width, 0, 255);
  LED.write('R');          // 串口发送 "R" 字符作为标识，以方便 Arduino 读取 R 值
  valueR=byte(R);          // 将 float 型的 R 值强行转换成 byte 型，以便传输
  LED.write(valueR);       // 串口发送当前设定的值
}
```

运行该程序 (sketch_1206)，在画面中左右拖动鼠标，Processing 显示的圆形的红色会随之变化，如图 12-21 所示。

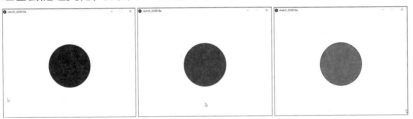

扫码看效果

图 12-21

与 Arduino 连接的全彩 LED 的红色也将同步变化，如图 12-22 所示。

图 12-22

第13章

Arduino 互动
编程实例

Arduino 与 Processing 结合各具功能的感应器，可编写能感知人体动作、光线、温度等信息的交互程序，实现初步的自然交互。将感应元件与 Arduino 板正确连接之后，在 Arduino IDE 编程并上传程序到开发板，再结合 Processing 中编写的程序，就可以实现光敏、测距、声音、红外等感应器控制图形变换的效果，也可以通过 Processing 中的程序控制与 Arduino 连接的电机等硬件，制作互动装置。

13.1 Arduino 程序架构

前面我们已经对 Arduino 有了一些基本的了解，如果是开发一个项目，需要更多地掌握 Arduino 的程序构架和编程语法。Arduino 的程序架构大体可分为如下 3 个部分。

1. 声明变量及接口的名称

声明一些必要的变量，留待在后面的 loop( ) 函数中调用，比如延迟时间（int delayTime=1000）、循环次数（int num=10）等，当然还有一个非常重要的声明就是接口名称，比如 int ledPin = 13 或 int LED = 9，明确信号传输的线路。

2. setup( ) 函数

在 Arduino 程序运行时首先要调用 setup( ) 函数，用于初始化变量、设置针脚的输出 / 输入类型、配置串口、引入类库文件等。每次 Arduino 上电或重启后，setup( ) 函数只运行一次。

3. loop( ) 函数

在 setup( ) 函数中初始化和定义变量，然后执行 loop( ) 函数。顾名思义，该函数在程序运行过程中会不断地循环，根据反馈，相应地改变执行情况，通过该函数动态控制 Arduino 主控板。

下面的代码包含了完整的 Arduino 基本程序框架。

```
int LEDpin = 13;
void setup() {
  pinMode(LEDpin, OUTPUT);          // 将 13 引脚设置为输出引脚
}
void loop() {
  digitalWrite(LEDpin, HIGH);       //13 引脚输出高电平，即点亮 LED 小灯
  delay(1000);
  digitalWrite(LEDpin, LOW);        //13 引脚输出低电平，即熄灭 LED 小灯
  delay(1000);
}
```

这是一个简单的实现 LED 闪烁的程序，在这个程序中的"int LEDpin=13;"就是上面架构的第一部分，用来声明变量及接口。void setup( ) 函数则将 LEDpin 引脚的模式设为输出模式。在 void loop( ) 中则循环执行点亮和熄灭 LED 灯，实现 LED 灯的闪烁。

Arduino 官方团队提供了一套标准的函数库，如表 13-1 所示。

表 13-1　Arduino 的函数库

库文件名	说明
EEPROM	读写程序库
Ethernet	以太网控制器程序库
LiquidCrystal	LCD 控制程序库
Servo	舵机控制程序库
SoftwareSerial	任何数字 I/O 口模拟串口程序库
Stepper	步进电机控制程序库
Matrix	LED 矩阵控制程序库
Sprite	LED 矩阵图像处理控制程序库
Wire	TWI/I2C 总线程序库

在标准函数库中，有些函数会经常用到，比如小灯闪烁的数字 I/O 输入输出模式定义函数 pinMode(pin,mode)、时间函数中的延时函数 delay(ms)、串口定义波特率函数 Serial.begin(speed)，以及串口输出数据函数 Serial.print(data)。了解和掌握这些常用函数，有助于使用 Arduino 实现各种功能。

在 Arduino IDE 编程并上传程序到开发板的过程，实际上就是编译器将程序翻译为机器语言（即二进制语言）的过程。不过写好的程序在编译器翻译成机器语言之前，需要

检查程序是否存在语法错误，如果不符合程序框架，或者有些函数没有定义甚至使用错误，以及变量类型不正确，编译器都会检查出来并明确错误的位置。

计算机将二进制的指令传送到单片机程序闪存中，单片机识别指令后进行工作。从编写好的程序到 Arduino 开发板运行程序的流程，如图 13-1 所示。

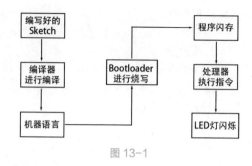

图 13-1

13.2　Arduino 编程语法

加载第一个程序后，要想写出一个完整的程序，需要了解和掌握 Arduino 语言。

1. 数据类型

Arduino 与 C 语言类似，有多种数据类型。数据有变量和常量之分。

变量源于数学，是计算机语言中能储存计算结果或者能表示某些值的一种抽象概念，通俗来说可以认为是给一个值命名。当定义一个变量时，必须指定变量的类型。一般变量的声明方法为：类型名 + 变量名 + 变量初始化值。变量名的写法约定为首字母小写，如果是单词组合，则中间每个单词的首字母都应该是大写，例如 ledPin、ledCount 等。变量的作用范围又称为作用域，变量的作用范围与该变量在哪里声明有关，分为全局变量和局部变量。

常量是指值不可以改变的量，例如定义常量 const float pi=3.14，当 pi=5 时就会报错，因为常量是不可以被赋值的。编程时，常量可以是自定义的，也可以是 Arduino 核心代码中自带的，如逻辑常量 (false 和 true)、数字引脚常量 (INPUT 和 OUTPUT)、引脚电压常量 (HIGH 和 LOW) 和自定义常量。

数据类型在数据结构中的定义是一个值的集合，以及定义在这个值集上的一组操作，各种数据类型需要在特定的地方使用。常用的数据类型有布尔类型、字符型、字节型、整型、浮点型等。

(1) 布尔类型 (boolean)。布尔值是一种逻辑值，其结果只能为真 (true) 或者假 (false)。

(2) 字符型 (char)。字符型变量可以用来存放字符，其数值范围是 −128 ～ +128。例如：

```
char A = 58;
```

(3) 字节型 (byte)。字节只能用一个字节 (8 位) 的存储空间，它可用来存储 0 ～ 255 的数字。例如：

```
byte B = 8;
```

(4) 整型 (int)。整型用两个字节表示一个存储空间，它可用来存储 −32 768 ～ +32 768 的数字。在 Arduino 中，整型是最常用的变量类型。例如：

```
int C = 13;
```

(5) 浮点型 (float)。浮点数可以用来表示含有小数点的数，如 1.24。当需要用变量表示小数时，浮点数便是所需要的数据类型。浮点数占有 4 个字节的内存，其存储空间很大，能够存储带小数的数字。例如：

```
float a = 0.33;
```

如果在常数后面加上".0"，编译器会把该常数当作浮点数而不是整数来处理。

2. 运算符

Arduino 常用的运算符，包括赋值运算符、算数运算符、关系运算符、逻辑运算符，以及递增 / 减运算符。

(1) 赋值运算符。赋值运算符，如表 13-2 所示。

表 13-2　赋值运算符

运算符	描述	范例	含义
=	等于	A=x	将 x 变量的值放入 A 变量
+=	加等于	B+=x	将 B 变量的值与 x 变量的值相加，其和放入 B 变量，这与 B=B+x 表达式相同
-=	减等于	C-=x	将 C 变量的值减去 x 变量的值，其差放入 C 变量，与 C=C-x 表达式相同
*=	乘等于	D*=x	将 D 变量的值与 x 变量的值相乘，其积放入 D 变量，与 D=D*x 表达式相同
/=	除等于	E/=x	将 E 变量的值除以 x 变量的值，其商放入 E 变量，与 E=E/x 表达式相同
%=	取余等于	F%=x	将 F 变量的值除以 x 变量的值，其余数放入 F 变量，与 F=f%x 表达式相同
&=	与等于	G&=x	将 G 变量的值与 x 变量的值做 AND 运算，其结果放入 G 变量，与 G=G&x 表达式相同
| =	或等于	H|=x	将 H 变量的值与 x 变量的值做 OR 运算，其结果放入变量 H，与 H=H&x 表达式相同
^=	异或等于	I^=x	将 I 变量的值与 x 变量的值做 XOR 运算，其结果放入变量 I，与 I=I^x 表达式相同
<<=	左移等于	J<<=n	将 J 变量的值左移 n 位，与 J=J<<n 相同
>>=	右移等于	K>>=n	将 K 变量的值右移 n 位，与 K=K>>n 相同

(2) 算数运算符。算数运算符，如表 13-3 所示。

表 13-3　算数运算符

运算符	描述	范例	含义
+	加	A=x+y	将 x 与 y 变量的值相加，其和放入 A 变量
-	减	B=x-y	将 x 变量的值减去 y 变量的值，其差放入 B 变量
*	乘	C=x*y	将 x 与 y 变量的值相乘，其积放入 C 变量
/	除	D=x/y	将 x 变量的值除以 y 变量的值，其商放入 D 变量

(3) 关系运算符。关系运算符，如表 13-4 所示。

表 13-4　关系运算符

运算符	描述	范例	含义
==	相等	X==y	比较 x 与 y 变量的值是否相等，相等则其结果为 1，不相等则为 0
!=	不等	X!=y	比较 x 与 y 变量的值是否相等，不相等则其结果为 1，相等则为 0
<	小于	X<y	若 x 变量的值小于 y 变量的值，其结果为 1，否则为 0
>	大于	X>y	若 x 变量的值大于 y 变量的值，其结果为 1，否则为 0
<=	小等于	X<=y	若 x 变量的值小于等于 y 变量的值，其结果为 1，否则为 0
>=	大等于	X>=y	若 x 变量的值大于等于 y 变量的值，其结果为 1，否则为 0

(4) 逻辑运算符。逻辑运算符主要包括如下几种。

&&(与运算)：对两个表达式的布尔值进行按位与运算。例如，(x>y)&&(y>z)，若 x 变量的值大于 y 变量的值，且 y 变量的值大于 z 变量的值，则其结果为 1，否则为 0。

||(或运算)：对两个表达式的布尔值进行按位或运算。例如，(x>y)||(y>z)，若 x 变量的值大于 y 变量的值，或 y 变量的值大于 z 变量的值，则其结果为 1，否则为 0。

!(非运算)：对某个布尔值进行非运算。例如，!(x>y)，若 x 变量的值大于 y 变量的值，则其结果为 0，否则为 1。

(5) 递增 / 减运算符。递增 / 减运算符主要包括如下几种。

++(加 1)：将运算符左边的值自增 1。例如，x++，将 x 变量的值加 1，表示在使用 x 之后，再使 x 值加 1。

--(减 1)：将运算符左边的值自减 1。例如，x--，将 x 变量的值减 1，表示在使用 x 之后，再使 x 值减 1。

通过运算符将运算对象连接起来组成的式子称为表达式，如 5+6、a-b、i<9 等。

3. 数组

数组是由一组相同类型的数据构成的可访问变量的集合。数组概念的引入，使得再处理多个相同类型的数据时程序更加清晰和简洁。Arduino 的数组是基于 C 语言的，实现起来虽然有些复杂，但使用却很简单。

(1) 创建或声明一个数组。数组的声明和创建与变量一致，下面是一些创建数组的例子。

```
arrayInts[6];
arrayNums[] = {2,4,6,11};
arrayVals[6] = {2,4,-8,3,5};
char arrayString[7] = "Arduino";
```

注意： 在声明时元素的个数不能够超过数组的大小，即小于或等于数组的大小。

(2) 指定或访问数组。在创建完数组之后，可以指定数组的某个元素的值。

```
int intArray[3];
intArray[2] = 2;
```

数组是从零开始索引的，也就说，数组初始化之后，数组第一个元素的索引为 0，并以此类推。这也意味着，在包含 10 个元素的数组中，索引 9 是最后一个元素。

4. 条件判断语句

在编程中，经常需要根据当前数据做出判断，以决定下一步的操作，这里就需要用到条件语句。有些语句并不是一直执行的，需要一定的条件去触发。同时，针对同一个变量，不同的值进行不同的判断，也需要用到条件语句。同样，程序如果需要运行一部分，也可以进行条件判断。

if 的语法如下，如果 if 后面的条件满足，就执行 { } 内的语句：

```
if(delayTime<100)
{
delayTime=1000;
}
```

if 语句的另一种形式也很常用，即 if...else 语句，在条件成立时执行 if 语句括号内的内容，不成立时执行 else 语句内的内容。参见下面的代码：

```
int ledPin = 13;
int delayTime = 1000;
void setup() {
  pinMode(ledPin, OUTPUT);
}
void loop() {
  digitalWrite(ledPin, HIGH);
  delay(delayTime);
 digitalWrite(ledPin, LOW);
  delay(delayTime);
  if (delayTime < 100) {
    delayTime = 1000;
  } else {
    delayTime = delayTime - 100;
  }
}
```

5. 循环语句

循环语句用来重复执行某一部分的操作。为了避免死循环，必须在循环语句中加入条件，满足条件时执行循环，不满足时退出循环。

在 loop() 函数中，程序执行完一次之后会返回 loop() 中重新执行，在内建指令中同样有一种循环语句可以进行更准确的循环控制——for 语句。for 循环语句可以控制循环的次数。

for 循环结构包括 3 个部分：

for(初始化；条件检测；循环状态){ 程序语句 }

初始化语句是对变量进行条件按初始化，条件检测是对变量的值进行条件判断，如果为真则运行 for 循环语句大括号中的内容，若为假则跳出循环。循环状态则是在大括号语句执行完之后，执行循环状态语句，之后重新执行条件判断语句。

下面以一个使用计数器和 LED 闪烁循环的程序为例，对比一下 if 语句和 for 循环语句的区别。

先使用 if 语句，代码如下：

```
int ledPin = 13;
int delayTime = 500;
int delayTime2 = 2000;
int count = 0;
void setup() {
  pinMode(ledPin, OUTPUT);
}
void loop() {
  digitalWrite(ledPin, HIGH);
  delay(delayTime);
  digitalWrite(ledPin, LOW);
  delay(delayTime);
count++;                          // 计数器数值累加
  if (count < 20) {               // 当计数器数值小于 20 时，延时 2 秒
    delay(delayTime2);
  }
}
```

接下来用 for 语句：

```
int ledPin = 13;
int delayTime = 500;
int delayTime2 = 2000;
int count;
void setup() {
  pinMode(ledPin, OUTPUT);
}
void loop() {
  digitalWrite(ledPin, HIGH);
  delay(delayTime);
  digitalWrite(ledPin, LOW);
  delay(delayTime);
  for (count = 0; count < 20; count++) {      // 执行 20 次延时 2 秒
    delay(delayTime2);
  }
}
```

相比 for 语句，while 语句更简单一些，但实现的功能和 for 是一致的。while 语句语法为"while(条件语句){程序语句 }"。条件语句结果为真时则执行循环中的程序语句，如果条件为假时则跳出 while 循环语句。

输入代码如下：

```
int ledPin = 13;
int delayTime = 500;
int delayTime2 = 2000;
int count = 0;
void setup() {
  pinMode(ledPin, OUTPUT);
}
void loop() {
  while (count < 20) {          // 当计数器数值小于 20 时，执行循环中的内容
    digitalWrite(ledPin, HIGH);
    delay(delayTime);
    digitalWrite(ledPin, LOW);
    delay(delayTime);
    count++;                     // 计数器数值自增 1
  }                              // 当计数器数值不小于 20 时，执行下面的内容
  digitalWrite(ledPin, HIGH);
  delay(delayTime2);
  digitalWrite(ledPin, LOW);
  delay(delayTime2);
}
```

上传该程序 (sketch_1301)，查看一下 LED 间隔明暗的效果。

6. 函数

在编写程序的过程中，经常会反复多次使用一个功能，为了减少工作量不再反复写同一段代码，可以使用函数令程序变得简单。函数就像一个程序中的子程序，用它实现的功能可以是一个或多个，一个复杂的功能很多情况下是由多个函数共同完成的。

以前面 LED 闪烁为例，创建一个闪灯函数 flash( )。编写代码如下：

```
int ledPin = 13;
int delayTime = 500;
int delayTime2 = 2000;
int count;
void setup() {
  pinMode(ledPin, OUTPUT);
}
void loop() {
  for (count = 0; count < 20; count++) {
    flash();                                    // 执行闪灯函数
  }
  delay(delayTime2);
}
void flash() {                                  // 创建闪灯函数
  digitalWrite(ledPin, HIGH);
```

```
    delay(delayTime);
    digitalWrite(ledPin, LOW);
    delay(delayTime);
}
```

在该程序里，loop( ) 函数调用的 flash( ) 函数实际上就是 LED 闪烁的代码，相当于程序运行到第 10 行便跳入 14 行闪灯代码中。

使用 Arduino 进行编程时，经常会用一些自带函数，这里对它们做一下简单的介绍：

- pinMode(接口名称，OUTPUT 或 INPUT)，是将指定的接口定义为输入或输出接口，用在 setup( ) 函数里。
- digitalWrite(接口名称，HIGH 或 LOW)，是将数字输入输出接口的数值置高或置低。
- digitalRead(接口名称)，读取数字接口的值，并将该值作为返回值。
- analogWrite(接口名称，数值)，给一个模拟接口写入模拟值 (PWM 脉冲)。
- analogRead(接口名称)，从指定的模拟接口读取数值，Arduino 对该模拟值进行数字转换。这个方法将输入的 0 ～ 5V 电压值转换为 0 ～ 1023 间的整数值，并将该整数值作为返回值。
- delay(时间)，延时一段时间，以毫秒为单位。
- Serail.begin(波特率)，设置串行每秒传输数据的速率 (波特率)。在计算机进行通信时，可以使用下面这些值：300、1200、2400、4800、9600、14 400、19 200、28 800、38 400、57 600 或 115 200，一般 9600、57 600 和 115 200 比较常见。
- Serial.read( )，读取串行端口中持续输入的数据，并将读入的数据作为返回值。
- Serial.print(数据，数据的进制)，从串行端口输出数据，Serial.print(数据) 默认为十进制。
- Serial.println(数据，数据的进制)，从串行端口输出数据，有所不同的是输出数据后跟随一个回车和一个换行符。该函数所输出的值与 Serial.print( ) 一样。

7. 输入和输出

在很多情况下，Arduino 需要其他装置如传感器、LED、扩展板或电机等协调进行工作，依靠输入输出针脚搭建与其他装置连接的桥梁。

输入 / 输出设备并不陌生，以个人计算机为例，键盘和鼠标是输入设备，显示器和音响是输出设备。

在微机控制系统中，单片机通过数字 I/O 口来处理数字信号，包括开关信号和脉冲信号。这种信号是以二进制的逻辑 "1" 和 "0" 或高低电平的形式出现。例如，开关的闭合与断开，继电器的吸合与释放，指示灯的亮与灭，电机的启动与关闭，以及脉冲信号的计数和定时等。Arduino 常用的数字输入输出则是电压的变化，输入输出时电压小于 2.5V 时则视为 0，若为 2.5V 则为 1。

Arduino 开发板上数字输入输出引脚中的 3、5、6、9、10 和 11 都提供 0V 和 5V 之外的可变输出，引脚的旁边会标有 PWM。PWM 是 "pulse width modulation" 的缩写，简称脉宽调制。Arduino 软件限制 PWM 通道为 8 位计数器。

数字输出是二进制的，即只有 0 和 1，模拟输出可以在 0 ～ 255 之间变化。模拟输出用到的函数为 analogWrite(pin,value)，其中 Pin 是输出的引脚号，value 为 0 ～ 255 的数值。

在 Arduino 开发板上有一排标着 A0 ～ A5 的引脚，这些引脚不仅具有数字输入输出的功能，还具有模拟信号输入的功能，模拟输入可以给 Arduino 输入 0 ～ 1023 的任意值。

为了更好地理解 PWM 是如何工作的，以及 analogWrite( ) 函数的用法，可以继续做下面的小实验，使用 PWM 来控制小灯亮度。

```
int pwm = 0;                              // 声明 pwm 变量
int PinMode = 9;
void setup() {
  Serial.begin(9600);
}
void loop() {
  analogWrite(PinMode, pwm);              // 设置 pwm 占空比
  delay(100);
  pwm++;                                  // 增加输出的 pwm 占空比
Serial.print(pwm);
}
```

实验中可以查看 pwm 的数值，同时看到小灯逐渐变亮。

如果想让小灯循环不断地逐渐从暗亮起，可再添加一个条件语句：

```
  if(pwm > 200){
pwm = 0;
  }
```

13.3　光敏控制粒子

本例中使用光敏电阻控制粒子的旋转。连接电路，如图 13-2 所示。

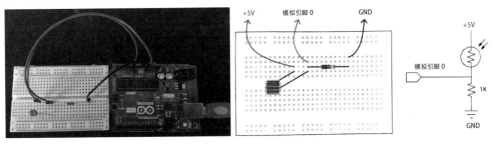

图 13-2

编写程序代码如下：

```
int sensorPin = 0;                        // 定义光敏电阻接口
int val = 0;
```

```
void setup() {
  Serial.begin(9600);                    // 串口波特率为 9600
}
void loop() {
  val = analogRead(sensorPin);           // 读取模拟 0 端口
  Serial.println(val,DEC);               // 十进制显示结果并换行
  delay(50);
  }
```

上传程序(sketch_1302)完成后,打开串口监视器,并用手遮挡光敏电阻,查看数值,如图 13-3 所示。

图 13-3

为了能让 Processing 读取数据,修改 Arduino 程序,将"Serial.println(val,DEC);"修改成"Serial.write(val);"。这样光敏电阻的数据就可以从 Arduino 输出,留待 Processing 读取。

打开 Processing,选择并打开一个自带的范例程序文件 Demos/Perfomance/StaticParticlesRestained,如图 13-4 所示。

这是一个粒子效果的程序,运行该程序,查看效果,如图 13-5 所示。

接下来再打开一个串口库范例程序,如图 13-6 所示。

查看编辑区中代码的内容,如图 13-7 所示。

图 13-4

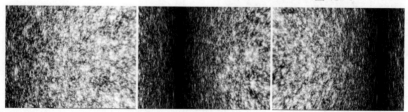

图 13-5

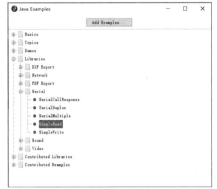

图 13-6　　　　　　　　　　　　　图 13-7

复制其中关于读取串口数据的语句，添加到粒子程序中并进行修改，如图 13-8 所示。

图 13-8

在 void draw( ) 下面添加跟读取光敏电阻数据有关的语句：

```
val = myPort.read();
```

在控制台显示变量 val 数值的语句：

```
Println(val);
```

图 13-9

修改程序，如图 13-9 所示。单击按钮▶运行该程序 (sketch_1303)，查看控制台的数值，如图 13-10 所示。

为了加快渲染速度，我们减少粒子的数量，修改程序为"int npartTotal = 10000;"单击按钮▶运行该程序(sketch_1304)，查看粒子空间旋转的效果，如图 13-11 所示。

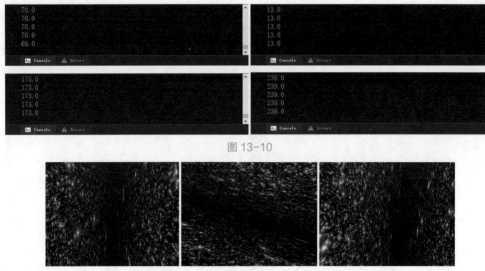

图 13-10

图 13-11

13.4

距离控制视频

　　超声波测距传感器是利用频率高于 20KHz 的声波在空气中传播，遇到障碍物反射回来，通过计算发射和接收的时间差，从而计算出发射点与障碍物间的距离，其测量精度往往能达到厘米数量级。超声波测距目前已经广泛应用于汽车倒车雷达、机器人导航、智能小车避障等方面。

　　超声波测距传感器的种类繁多，下面的示例使用的是市面上高性价比的 HS-SR04 模块，该传感器的测量距离为 2 ～ 450cm，精度为 3mm，如图 13-12 所示。

图 13-12

　　HS-SR04 的引脚功能从左到右，如表 13-5 所示。Trig 引脚能控制发送超声波，Echo 引脚连接接收探头。

表 13-5　HS-SR04 的引脚功能

序号	超声波模块功能引脚	引脚说明
1	Vcc	供电 5V
2	Trig	触发控制信号输入
3	Echo	回波信号输出
4	Gnd	接地

Arduino 与超声波测距传感器的实验接线，如表 13-5 所示。

表 13-6　Arduino 与超声波测距传感器的实验接线

序号	超声波模块功能引脚	引脚说明
1	Vcc	5V
2	Trig	D2
3	Echo	D3
4	Gnd	GND

按照上述要求，实际连接线路，如图 13-13 所示。

图 13-13

在 Arduino IDE 中编写程序，代码如下：

```
int outputPin = 2;                     // 接超声波 Trig 到数字 D2 引脚
int inputPin = 3;                      // 接超声波 Echo 到数字 D3 引脚
void setup() {
  Serial.begin(9600);
  pinMode(inputPin, INPUT);
  pinMode(outputPin, OUTPUT);
}
void loop() {
  digitalWrite(outputPin, LOW);
  delayMicroseconds(2);
  digitalWrite(outputPin, HIGH);
  delayMicroseconds(10);               // 发出持续 10 微秒到 Trig 引脚驱动超声波检测
  digitalWrite(outputPin, LOW);
```

```
int distance = pulseIn(inputPin, HIGH);    // 接收脉冲的时间
distance = distance / 58;                   // 将脉冲时间转化为距离值
Serial.print("distance is:");               // 显示文字
Serial.println(distance);                   // 显示距离值
delay(5);
}
```

上传程序 (sketch_1304) 完成后，打开串口监视器，查看测距的数值，如图 13-14 所示。

图 13-14

修改程序，删掉其中两行，代码如下：

```
Serial.print("distance is:");              // 显示文字
  Serial.println(distance);                // 显示距离值
```

修改成 Serial.write(distance);   // 输出距离值

这样就可以输出距离值，以备 Processing 读取。下面编写 Processing 的程序，输入代码如下：

```
import processing.serial.*;
Serial myPort;
int distance;
void setup() {
  size(640, 480);
  myPort = new Serial(this, "COM3", 9600);
}
void draw () {
  if ( myPort.available() > 0) {
    distance = myPort.read();
    println(distance);
  }
}
```

运行该程序 (sketch_1305)，查看控制台中测距的数值，如图 13-15 所示。

图 13-15

打开 Processing 的控制视频播放速度的范例程序，如图 13-16 所示。

在编辑区中查看程序代码，如图 13-17 所示。

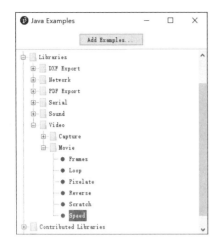

图 13-16　　　　　　　　　　　　　　　　图 13-17

复制与视频控制相关的语句，并更改视频文件的名称，修改代码，如图 13-18 所示。在 void draw( ) 下面继续修改代码，如图 13-19 所示。

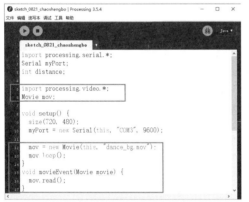

图 13-18　　　　　　　　　　　　　　　　图 13-19

运行该程序 (sketch_1306)，当测距数值在 5 ～ 200cm 时，视频播放的速率会与之相应变化，范围是 0.1 ～ 5；如果测距数值大于 200cm，则视频跳转到首帧画面。不同测距数值产生的效果，如图 13-20 所示。

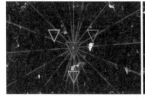

扫码看效果

图 13-20

通过 if 语句还可以设置更加丰富的互动，比如根据不同的距离显示对应的图片，或者改变声音、图形的运动、图像的滤镜等，也可以与粒子效果互动起来。

13.5　红外感应控制电机

红外感应的用途十分广泛，除了感应水龙头、感应灯等，在很多交互作品中也都运用了这个模块。通过感应到有人物接近或运动，感应器就会发射信号，从而触发其他动作部件的发生。它的基本原理是检测人或者动物发出的红外线，经过菲尼尔滤光片增强后聚焦到红外感应器上，将感应的红外信号转化为电信号。

在接线之前可以取下白色的塑料罩，认清 3 个接线口的标记，如图 13-21 所示。

先将感应器和 Arduino 开发板进行硬件的连接，如图 13-22 所示。

图 13-21

图 13-22

在 Arduino IDE 中编写程序，输入代码如下：

```
int sensorPin = 2;                  // 设置人体红外接口号为2
int ledPin = 13;                    // 设置 LED 接口号为13
Int val = 0;
void setup() {
  Serial.begin(9600);
  pinMode(sensorPin, INPUT);        // 设置人体红外接口为输入状态
  pinMode(ledPin, OUTPUT);          // 设置 LED 接口为输出状态
}
void loop() {
val = digitalRead(sensorPin);       // 定义参数存储人体红外传感器读到的状态
Serial.println(val);
digitalWrite(ledPin, LOW);
 delay(100);
  if (val == 1) {                   // 如果检测到有动物运动，LED 小灯亮起
    digitalWrite(ledPin, HIGH);
    delay(2000);
  }
}
```

上传程序(sketch_1307)完成，打开串口监视器，检查人体红外传感器读取的数据，如图 13-23 所示。

图 13-23

修改 void loop( ) 下面的代码如下：

```
Serial.write(val);                      // 输出 val 数值
  //Serial.println(val);
```

输出 val 数值，留待 Processing 调用。

打开 Processing，编写代码如下：

```
import processing.serial.*;
Serial myPort;
int val;
float ang, ar;
void setup() {
  size(360, 240, P3D);
  myPort = new Serial(this, "COM3", 9600);
}
void draw() {
  background(0);
  if (myPort.available()>0) {
    val = myPort.read();
    println(val);
  }
  translate(0, height/2, -height/4);
  box(160, 180, 160);
  translate(width, 0, -height/2);
  rotateY(ang);
  box(160, 180, 160);
  if (val == 1) {
    ar = 0.01*PI;
  } else {
    ar = 0;
  }
  ang = ang+ar;
}
```

运行该程序，场景中有两个立方体，其中一个会因为人体红外检测到动物的信号而旋转，如图 13-24 所示。

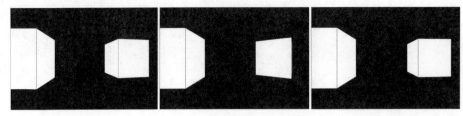

图 13-24

上面的示例已经把人体红外感应器的信号应用到 Processing 的程序中，实现了基本的装置与图形的互动。

13.6　扩展练习

舵机是用来控制舵的，比如轮船的方向舵、飞机的方向舵、升降舵等，这些都需要控制一定的角度。舵机内部有直流电机、位置电位器和驱动反馈电路板，当需要舵机转到一定角度时，输入信号会与标准信号比较，如果反馈位置不是所需要的位置，电机则

会朝向需要的方向转动，直到转到指定位置，电位器反馈信息促使电机停止转动。舵机的控制信号实际上是 PWM 产生方式，具体包括两种，其一是通过定时器或者延时模拟出 PWM 信号，其二是单片机内部包含 PWM 发生器。

在上面实例的基础上连接电路，如图 13-25 所示。

图 13-25

在 Arduino IDE 中修改代码，如图 13-26 所示。

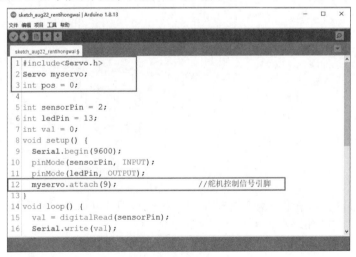

图 13-26

添加舵机往复的代码，如图 13-27 所示。

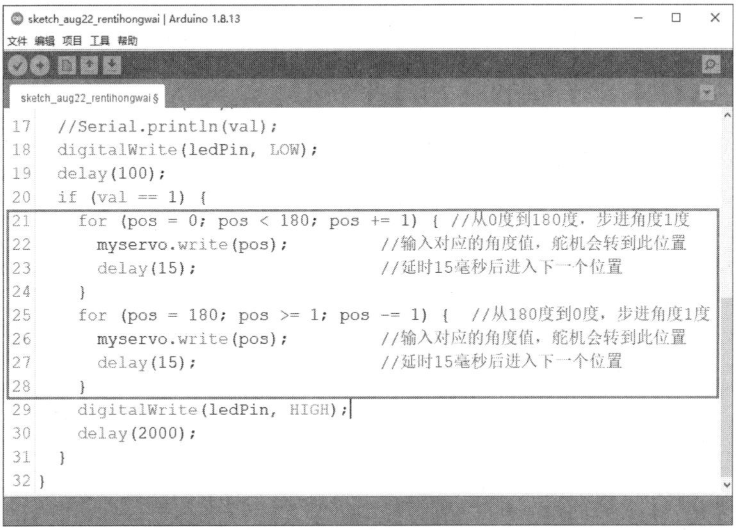

```
17    //Serial.println(val);
18    digitalWrite(ledPin, LOW);
19    delay(100);
20    if (val == 1) {
21      for (pos = 0; pos < 180; pos += 1) { //从0度到180度，步进角度1度
22        myservo.write(pos);              //输入对应的角度值，舵机会转到此位置
23        delay(15);                       //延时15毫秒后进入下一个位置
24      }
25      for (pos = 180; pos >= 1; pos -= 1) { //从180度到0度，步进角度1度
26        myservo.write(pos);              //输入对应的角度值，舵机会转到此位置
27        delay(15);                       //延时15毫秒后进入下一个位置
28      }
29      digitalWrite(ledPin, HIGH);
30      delay(2000);
31    }
32  }
```

图 13-27

上传程序 (sketch_1308) 完成后，实验效果就是有人体红外检测到动物信号时舵机旋转 180° 再反转到原位，LED 灯亮起。

打开 Processing 运行程序，显示立方体的旋转与舵机旋转是同步的，完成了这样的联动，就可以应用于互动橱窗、动态海报等，当参观者靠近或经过人体红外感应器时，由 Processing 创建的图像可以变换，同时也可以匹配舵机牵引的装置发生变化。

第14章

Kinect 与体感互动

Kinect 是一种 3D 体感摄影机，具备即时动态捕捉、影像辨识、麦克风输入和语音辨识等功能，使人机互动的理念更加彻底地展现出来。在 Processing 中利用 Kinect 可以获得彩色图像、深度图像等多维的图像信息或者进行身体的追踪，并将数据应用于图形或图像的属性变化，很容易创建体感互动作品。

在我们观察周围一切的五种感官（触觉、味觉、嗅觉、听觉和视觉）中，视觉有着最大的影响力。计算机视觉 (computer vision) 这个词来自让机器用人类的方式理解真实世界的现代方法，通过设备从图片提取和解释非常复杂的信息。由于计算机视觉对机器的自动化日常工作十分必要，所以它的发展非常迅速，并且有大量的框架、工具和库已经被开发出来。

任何计算机视觉系统都包含一系列的功能模块，依次是数据采集、预处理、图像处理、后置过滤、识别（检测）和驱动。

视觉系统处理的第一步是数据采集，通常是收集来自环境的感官信息。采集的数据主要有两个来源：相机和 Arduino。

就相机的颜色感应能力而言，RGB 相机既能感觉主要颜色成分也能感应主要颜色混合，而灰度相机能感应到的场景是灰色的，不提供颜色信息，只是场景的形状信息。目前的人机交互主要运用的是能够检测场景深度信息的 3D 相机系统，三维摄像机系统中 Kinect 应该算得上是最著名的。

14.1　Kinect 简介

　　Kinect 是微软在 2009 年 6 月正式公布的 XBOX360 体感周边外设，它彻底颠覆了游戏的单一操作，使人机互动的理念更加彻底地展现出来。Kinect 是一种 3D 体感摄影机，同时它导入了即时动态捕捉、影像辨识、麦克风输入、语音辨识、社群互动等功能。Kinect 不需要使用任何控制器，它依靠相机捕捉三维空间中玩家的运动，使系统实现更加简易的操作来吸引大众。Kinect 1.0 的外观，如图 14-1 所示。

图 14-1

　　Kinect 有 3 个镜头，中间的镜头是 RGB 彩色摄影机，用来采集彩色图像，左右两边的镜头则分别为红外线发射器和红外线 CMOS 摄影机所构成的 3D 结构光深度感应器，用来采集深度数据（场景中物体到摄像头的距离）。彩色摄像头最大支持 1280×960 分辨率成像，红外摄像头最大支持 640×480 分辨率成像。Kinect 还搭配了追焦技术，底座马达会随着对焦物体的移动而转动。

　　Kinect 内建阵列式麦克风，由 4 个麦克风同时收音，比对后消除杂音，并通过声音采集器采集纪念性语音识别声源定位。

　　Kinect 的核心处理部件是 PS1080 系统级芯片 SoC。该芯片拥有超强的并行计算逻辑，可控制近红外光源，进行图像编码，并主动投射近红外光谱。该芯片通过一个标准的 CMOS 图像传感器接收投影的红外光谱，将编码后的反射斑点图像传输给 PS1080 处理，最终生成深度图像。

　　2013 年 5 月 Xbox One 发布具有新功能的 Kinect，作为次世代主机必不可少的一部分，开发者们基于 Kinect 能感知的语音、手势和玩家感觉信息，为玩家带来前所未有的互动性体验。新 Kinect 3D 视镜具有更宽广的视野和 2D 彩色相机，清晰度为原来的 3 倍，能够看到诸如衣服上的褶皱等细节，识别面部表情和玩家的五指。这些改进更侧重于交互性和真实性体验，精确度都很高。

　　Kinect v2.0 的外观，如图 14-2 所示。

图 14-2

新的 Kinect 综合了计算机视觉、机器自主学习、语音识别、面部表情识别和数字信号处理等技术，能够更精确地进行骨架跟踪、关节和肢体活动的映射，当用户活动上半身时，从臀部到背部，最后从肩部到手指一系列的运动都会被识别出来，最后融为一个完整连续的动作反映到游戏中，它还能"理解"移动中的人的表情。

14.2 Kinect 相关驱动

使用 Kinect，可在微软官网下载相关驱动，下载时要注意找到与所购买的 Kinect 相对应的 SDK 版本。由于 Processing 支持的是 OpenNI，如果用户使用的是 Kinect 早期版本，均需要 SimpleOpenNI 库，把 SimpleOpenNI 库存入 C 盘下的 my document/Processing/libaries 中。

OpenNI（开放式的自然交互）是一个多语言、跨平台的框架，专注于提高和改善自然交互设备、应用软件的互操作能力。OpenNI 是开源的框架，该框架提供了一组基于传感器设备的 API，以及一组由中间件组件实现的 API。该框架通过打破传感器和中间件之间的依赖，使用 OpenNI 编写应用程序，不需要考虑多个中间件冲突的问题。

Kinect 上的深度图、RGB 图、红外线图都可以通过 OpenNI 获取，直接调用相应的范例程序即可，如图 14-3 所示。比如，选择打开其中的 DepthImage 程序，查看效果如图 14-4 所示。

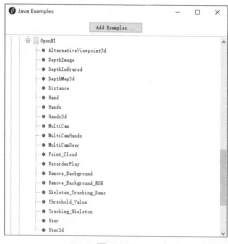

图 14-3

图 14-4

kinect v2 价格便宜、功能强大，很适合用来做三维重构和同感互动开发研究。下面我们重点讲解一下 Kinect 2.0 SDK 的安装及 Processing 中库的调用。

下载 kinect for windows SDK 2.0 开源包，在安装前将设备连接到 USB 3.0 口（蓝色接口或标有 ss 的接口）上，只需要双击 KinectSDK-v2.0_1409-setup.exe 直接安装即可，安装完成后，运行 Kinect v2 Configuration Verifier，查看是否安装成功，

如图 14-5 所示。

　　展开最下面的选项，如果能看到彩色图像和深度图像内容，就代表 Kinect 已经安装成功，如图 14-6 所示。

　　为了能够在 Processing 中调用 Kinect，还要安装 Kinect v2 for Processing 库，同时安装大量实用的范例程序，如图 14-7 所示。

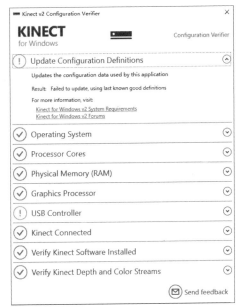

图 14-5

图 14-6

图 14-7

14.3　多维图像信息

　　通过 Kinect v2 可以获得彩色图像、深度图像等多维的图像信息。最方便的方法就是选择范例程序，比如 HDColor，运行该程序，查看显示图像的内容，如图 14-8 所示。

图像是高清彩色的，跟高清摄像头获取的图像没有什么区别。我们再选择 HDFaceVertex，运行该程序，通过对面部的跟踪，显示了面部的很多点，而且是跟踪运动的，在脸部有三维的网格线，如图 14-9 所示。

图 14-8   图 14-9

接下来我们重点看看深度信息，选择并打开范例程序 DepthTest，运行该程序，查看显示图像的内容，如图 14-10 所示。

在代码当中，以下几行是关于捕捉图像信息的：

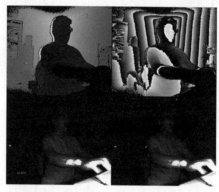

图 14-10

扫码看效果

```
kinect = new KinectPV2(this);
  kinect.enableDepthImg(true);                    // 获取深度图像
  kinect.enableInfraredImg(true);
  kinect.enableInfraredLongExposureImg(true);
  kinect.init();
```

该程序一共显示了四种图像内容，其中右上图像为 kinect.getDepth256Image( )。

对代码进行修改，只显示深度图像，如图 14-11 所示。这些图像区别于网络摄像头获取的彩色图像，这个黑白的灰度图像是这个房间或者任何正在观察对象的三维表现，简单来说，越靠后的对象，颜色越亮。而本人的手臂和无线键盘因为比较接近摄像头，颜色很暗。如果人往后退，颜色会变得亮一些，如图 14-12 所示。

扫码看效果

图 14-11   图 14-12

在 Processing 中，深度图像非常有用，尤其对于交互装置来说，不希望摄像头捕获整个房间，而只是捕获离摄像头一定距离之内的东西。

我们选择打开范例程序 MaskTest，运行该程序，就可以形成人物的蒙版，与房间背景进行分离，如图 14-13 所示。

扫码看效果

图 14-13

我们来看一下最基本的 Kinect 程序，代码如下：

```
import KinectPV2.*;              // 导入 KinectPV2 库
KinectPV2 kinect;               // 定义 kinect
void setup() {
  size(512, 424, P3D);          // 设置画布尺寸，同 Kinect 捕捉尺寸相同
  kinect = new KinectPV2(this);
  kinect.enableDepthImg(true);  // 初始化深度信息
  kinect.init();
}
void draw() {
  background(0);
  PImage cam = kinect.getDepthImage();// 输入深度图像
  image(cam, 0, 0);
}
```

运行该程序 (sketch_1401)，查看显示内容，如图 14-14 所示。

接下来我们确定深度范围在 45 ～ 65cm，修改代码，如图 14-15 所示。

图 14-14

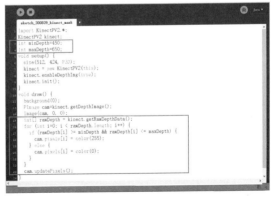

图 14-15

运行该程序 (sketch_1402)，当手位于距离摄像头 0.45 ～ 0.65 米时，显示了白色。查看只显示手部运动的效果，如图 14-16 所示。

213

图 14-16

我们可以通过平均值来确定手的位置，根据手的平均坐标值控制粒子、图形移动、颜色变换等，如图 14-17 所示。

扫码看效果

图 14-17

14.4　实时图像处理

OpenCV(Open Source Computer Vision 开源计算机视觉类库)，是一个进行实时图像处理的免费跨平台库，对于一切与计算视觉有关的事务进行处理。OpenCV 已经成为一个标准库工具。

OpenCV 对大部分流程的操作系统可用：Linux、OS X、Windows、Android、iOS 等。使用 OpenCV 几乎可以完成所有的计算机视觉任务。OpenCV 的应用包括分割与识别、二维和三维特征工具包、对象识别、人脸识别、运动跟踪、手势识别、图像拼接、高动态范围 (HDR) 成像、增强现实等领域。

OpenCV 之所以强大，能成为领域标准库，主要是因为它所包含的功能，比如内置数据结构和输入输出、图像处理操作、GUI、视频分析、3D 重建、特征提取、对象检测、机器学习、形状分析、光流算法、人脸和对象识别、表面匹配、深度学习等。下面我们就通过 OpenCV 库的范例程序了解一下其强大的功能。

在 Processing 中安装 OpenCV 库，如图 14-18 所示。安装 OpenCV 库的同时，也就安装了大量非常实用的范例程序，如图 14-19 所示。

图 14-18　　　　　　　　　　　　　　　　　　　图 14-19

打开该程序后，添加摄像头捕捉的语句，修改程序，如图 14-20 所示。

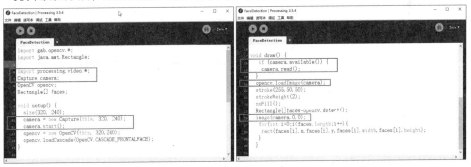

图 14-20

运行该程序 (sketch_1403)，可以查看跟踪脸部的矩形，如图 14-21 所示。

图 14-21

　　我们已经安装了 Kinect 2.0，以及 Kinect v2 for Processing 库，这时就可以在 Processing 中调用 Kinect 相关的范例程序了，其中也包含了 OpenCV，如图 14-22 所示。

　　比如我们选择打开其中的范例程序 FindContours，运行该程序，查看身体轮廓的边缘效果，如图 14-23 所示。

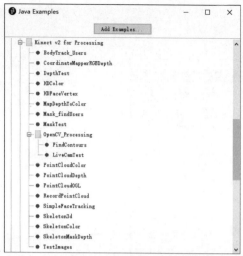

图 14-22

扫码看效果

图 14-23

14.5   身体追踪

图 14-24

在 Processing 中 利 用 Kinect 进行身体的追踪相当方便快捷。选择打开面部跟踪的范例程序 SimpleFaceTracking，如 图 14-24 所示。

运行该程序，查看显示的图像及跟踪人脸的效果，如图 14-25 所示。

扫码看效果

图 14-25

再来看看跟踪手和骨骼的效果，选择并打开范例程序 SkeletonColor。运行该程序，查看识别跟踪骨骼及两个圆形跟随手变化位置的效果，如图 14-26 所示。

我们也可以隐藏骨骼的线条和关节处的圆形，只保留手部的圆形，查看跟踪手势运动的效果，如图 14-27 所示。

图 14-26

扫码看效果

图 14-27

我们仔细查看关于手部位置的代码：

```
void drawHandState(KJoint joint) {
  noStroke();
  handState(joint.getState());
  pushMatrix();
    translate(joint.getX(), joint.getY(), joint.getZ());
    // 获取手部位置
  ellipse(0, 0, 70, 70);
  popMatrix();
}
```

当获得了手部位置的数据，就可以在交互设计中创造多种可能，比如手举起一个标牌。修改上面的部分代码如下：

```
void drawHandState(KJoint joint) {
  noStroke();
  handState(joint.getState());
  pushMatrix();
  translate(joint.getX(), joint.getY(), joint.getZ());
  noFill();
  ellipse(0, 0, 70, 70);
  stroke(200,50,50);
```

```
    strokeWeight(4);
    fill(200,200,50);
    ellipse(0,0,400,150);
    fill(0);
    textSize(60);
    text("hello!",-80,20);
    popMatrix();
}
```

运行该程序(sketch_1404)，查看手举标牌的效果，如图 14-28 所示。

扫码看效果

图 14-28

14.6 　扩展练习

　　近两年出现了很多动态海报，一种形式是制作完成的视频动画在屏幕上播放，还有一种形式就是能够与参观者互动的图形图像。下面我们将 kinect 应用到动态海报的设计中，看看如何让图形图像与参观者互动。

　　这个海报使用了几张图片素材，利用前面学习过的 Processing 编程技巧将这些图片组织起来，如图 14-29 所示。

　　运行程序(sketch_1405)，查看动态海报的效果，如图 14-30 所示。

　　下面我们要将 OpenCV 范例程序中 SkeletonColor 的部分代码添加到海报的程序中，使

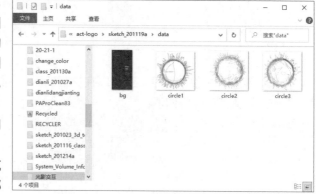

图 14-29

左边的大圆圈和右上角的小圆圈能够跟摄像头前的观众手臂产生互动，读者可以参照上面的示例修改代码。笔者修改的代码，如图 14-31 所示。

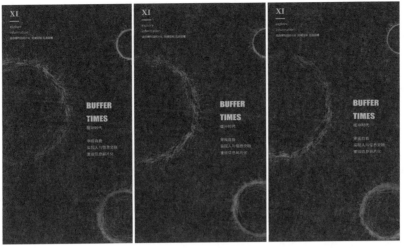

扫码看效果

图 14-30

```
float px=300;
float py=150;
float cx=50;
float cy=350;
```

```
translate(joint.getX(), joint.getY(), joint.getZ());
px = map(joint.getX(), 0, width, 150, 250);
py = map(joint.getY(), 0, height, 30, 100);
cx = map(joint.getX(), 0, width, 30, 80);
cy = map(joint.getY(), 0, height, 200, 400);
```

```
//旋转左上角圆圈
pushMatrix();
translate(px, py);
rotateZ(rota1);
image(circle1, 0, 0, 160, 160);
popMatrix();
rota1 += 0.001;
//旋转左边大圆圈
pushMatrix();
translate(cx, cy);
rotateZ(rota2);
image(circle2, 0, 0, 500, 500);
popMatrix();
rota2 += 0.005;
```

图 14-31

运行修改后的程序 (sketch_1406)，可以看到，随着手臂的挥动，一大一小两个圆圈变换位置，产生不同的构图，这样参观者也就参与了海报的设计，如图 14-32 所示。

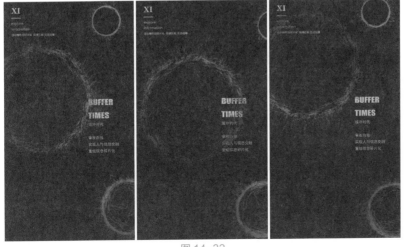

扫码看效果

图 14-32

第15章

Leap Motion 手势互动

Leap Motion 体感控制器具有更高的软硬件结合能力，可以精准地追踪全部的 10 只手指，实现手势控制电脑，挥动手指即可浏览网页、阅读文章、翻看照片、播放音乐，也可以在 3D 空间进行雕刻、拉伸、弯曲及构建 3D 图像，还可以将手指运动数据应用于粒子、笔刷或者流体程序中，创建自己的手势互动作品。

15.1　Leap Motion 简介

Leap Motion 体感控制器是由体感控制器制造公司 Leap 出品的。Leap Motion 体感控制器支持 Windows 7、Windows 8，以及 Mac OS X 10.7 及 10.8，该设备功能类似 Kinect，可以在 PC 及 Mac 上通过手势控制电脑，具有更高的软硬件结合能力。该公司也为其发布了名为 Airspace 的应用程序商店，其中包括游戏、音乐、教育、艺术等应用分类，如图 15-1 所示。

图 15-1

Leap Motion 控制器可追踪全部 10 根手指，精度高达 1/100 毫米，它远比现有的运动控制技术更为精确。150° 超宽幅的空间视场，用户可以像在真实世界中一样随意地在 3D 空间中移动双手。在 Leap Motion 应用中，用户可以伸手抓住物体，移动它们，甚至可以更改用户的视角。

　　Leap Motion 控制器以超过每秒 200 帧的速度追踪用户的手部移动，使屏幕上的动作与用户的每次移动完美同步，如图 15-2 所示。

　　Leap Motion 控制器不会替代键盘、鼠标、手写笔或触控板，而是与它们协同工作。当 Leap Motion 软件运行时，只需将它插入在 Mac 或 PC 中，一切即准备就绪，只需挥动一根手指即可浏览

图 15-2

网页、阅读文章、翻看照片，以及播放音乐。即使不使用任何画笔或笔刷，用指尖即可绘画、涂鸦和设计。用户可以在 3D 空间中进行雕刻、浇铸、拉伸、弯曲和构建 3D 图像，还可以把它们拆开和再次拼接，如图 15-3 所示。

　　使用者可以体验一种全新的学习方式，用双手探索宇宙，触摸星星，还可以围绕太阳翱翔，如图 15-4 所示；体验一种全新的乐器演奏方式，弹奏空气吉他、空气竖琴和空中的一切乐器，如图 15-5 所示。

　　用户与电脑间的开阔空间，现已成为双手和手指的舞台，不论它们的每一次移动多么细微，又或是多么大幅度，Leap Motion 控制器都能精确追踪，如图 15-6 所示。

图 15-3

图 15-4

扫码看效果

图 15-5

图 15-6

15.2　安装与调试 Leap Motion

登录 Leap Motion 官网，如图 15-7 所示。

图 15-7

在网站上，我们能够看到大量的案例和相关设备，如图 15-8 所示。

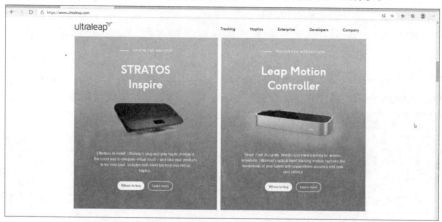

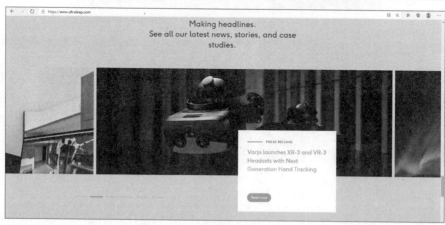

图 15-8

进入 SDK 下载页面，通过邮箱完成注册后，就可以选择与自己所使用的系统对应的 SDK 安装包，如图 15-9 所示。

图 15-9

解压后安装 SDK，稍等片刻，完成 SDK 的安装。打开 App Home，登录之后就可以尝试一下最简单的 Demo，感受一下触摸效果，如图 15-10 所示。

图 15-10

如果提示 Leap Motion 未连接，可以拔掉重试或者点开桌面右下角 Leap Motion 的图标检查故障，如果能正常运行程序说明硬件部分没有问题。

为了能够在 Processing 中使用 Leap Motion，还需要安装扩展库，如图 15-11 所示。

安装需要一些时间，安装完成后，重启电脑，否则 Leap Motion 有可能无法正常工作。Leap Motion 与电脑连接也很简单，只需用配备的 USB 连线就可以，Leap Motion 侧面的绿灯会亮起，如图 15-12 所示。

图 15-11

待一切配置完成后，可以打开一个 Leap Motion 自带的测试程序。启动后可以将一只手放在 Leap Motion 的上方，移动或者让手做一些其他动作，屏幕上都可以看到实时的动作，再换另一只手，同样也能很及时地被识别，而且手指关节的动作也都能实时交互，如图 15-13 所示。

图 15-12

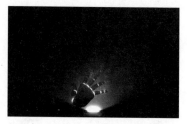

图 15-13

<table>
<tr><td>**15.3**</td><td>**手势捕捉基础操作**</td></tr>
</table>

打开一个范例程序 LM_1_Basics，这是一个比较基础的程序，作为手势互动程序的起点。复制代码到一个新建的速写本中，以免不小心修改了自带的程序，如图 15-14 所示。

接下来简单解释一下程序，首先是导入 Leap Motion 库和创建 Leap Motion 对象，然后在 setup() 中初始化 Leap Motion 对象，如图 15-15 所示。

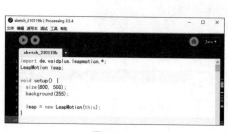

图 15-14

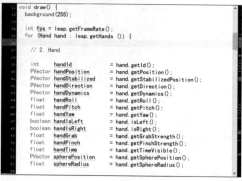

图 15-15

这部分很重要，for 循环的功能是遍历和检测有多少手被 Leap Motion 检测到。因为 Leap Motion 一次可以检测四只不同的手，如果是两个人就很有用，不过大多数时候使用者都是用一只或两只手。从 Leap Motion 可得到手的信息，比如位置、方向、左右或者是否握着拳头等；也能看到清晰的手指关节，包括拇指、食指、中指、无名指和小拇指；还能看到屏幕上有很多信息，比如手的 ID、可信度、捏紧等，如图 15-16 所示。通常用得比较多的是以手或者手指的位置产生交互。

先说说坐标系统，Leap Motion 遵循右手坐标系，坐标系中的单位与真实世界中的1毫米相对应，坐标原点是设备的中心。X、Z 轴组成一个水平面，X 轴指向设备的长边，

Y 轴竖直，向上为正方向，Z 轴相对屏幕向外是正方向，如图 15-17 所示。

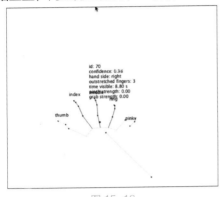

图 15-16

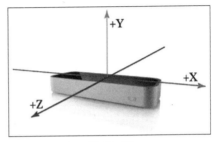

图 15-17

　　Leap Motion 通过绑定视野范围内的手、手指或者工具来提供实时数据，也能实时地识别场景中的手势和自定义数据。当设备检测到手、手指、工具或者是手势的话，设备会赋予它一个唯一的 ID 号码作为标记，只要这个实体不出设备的可视区域，ID 号就会一直不变，如果实体丢失之后又出现了，Leap 就会赋予它一个新的 ID 号码，但是软件并不会知道这个和以前的那个实体有什么关系。

　　每一个帧对象提供了绑定数据、手势和元素的列表，这些数据用来描述设备视野内观察到的整体的动作。这些数据绑定的列表如下。

　　Hands：所有的手。

　　Pointables：所有作为 Pointables 的手指和工具。

　　Fingers：所有的手指。

　　Tools：所有的工具。

　　Gestures：所有的手势，包括开始、结束或者在进行中的。

　　这些可指向物体的列表（可指向物体、手指、工具）包含每一个在每一帧里被检测到的可指向的物体。用户可以使用一只手来访问这些可指向的物体，这个手对象是通过 Hands 在手列表中的对象。如果用户绑定了一个单独的物体，比如一个手指头，每一帧中都可以通过 ID 和那个物体关联起来，并在新的帧里面找到它。使用以下方法来找到相应类型的物体：

```
Frame.Hand()
Frame.Finger()
Frame.Tool()
Frame.Pointable()
Frame.Gesture()
```

　　如果这个对象在当前的帧里面存在的话，这些方法函数返回相应的对象的引用，如果这个对象不存在了，一个特殊的无效对象就会被返回。无效对象被很好地定义以供使用，但是不存在有效的绑定数据，这项技术减少了空对象检测的工作。

　　Leap Motion 能够分析在场景中较早的帧中的整体动画，并且综合典型的移动、旋转和缩放因素。例如，若将两只手同时向左移动，并保证在 Leap Motion 的视野里面，在帧中就包含了移动的信息；若弯曲手指就像旋转一个球，在帧里面就包含旋转的信息；若移动两只手相对或者相向移动，那么在帧中就包含了缩放的信息。Leap Motion 设备对于动画的分析基于视野中的所有物体，如果有一只手在其中的话，那么就会基于这个手的因素来分析，如果有两只手的话，分析动画就会基于两只手的因素。

帧动画的产生是通过当前的帧与更早的帧的比较获得的。描述动画合成的属性包括如下几个。

RotationAxis：旋转轴的方向。

RotationAngle：顺时针旋转的角度。

RotationMatrix：描述旋转的矩阵。

ScaleFactor：表达碰撞或者收缩的比例。

Translation：线性移动的因素。

从 Hand 对象里面获得每一只手独立的动画因素，可以直接添加动画因素来操作这些物体，而不需要绑定个人的数据。手模型提供了被绑定的手的位置信息、特点及运动方式，并且还包括了手指或者手上的工具等所有与手关联的信息。LeapAPI 尽可能多地提供关于手的信息，但不能够确定每一帧所有的属性，比如当用户的手突然攥成了拳头，这时它上面的所有手指就不能用了，手指的 list 就成了空，所以程序需要对这种情况做一个检测。

15.4　手势互动

图 15-18

在前面基础范例程序的基础上修改代码，在控制台打印并查看手部的位置信息，如图 15-18 所示。

运行该程序 (sketch_1501)，将手放在 Leap Motion 的上方并移动位置，查看控制台显示的手的位置参数，如图 15-19 所示。

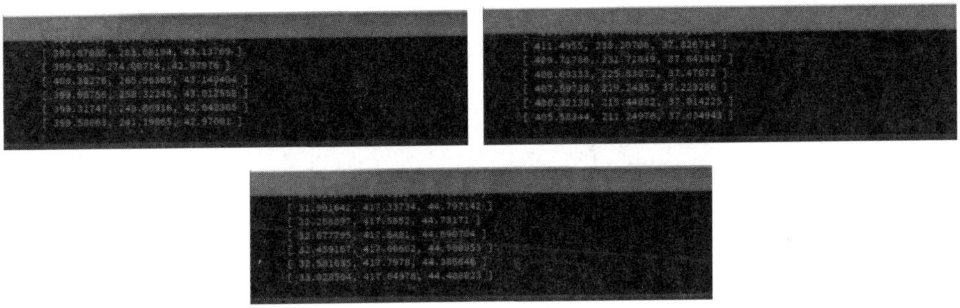

图 15-19

创建浮点变量 mappedX 和 mappedY，将手部的位置参数 handPosition.X 和 handPosition.Z 映射过来，添加代码如下：

```
float mappedX = map(handPosition.x,0,540,0,width);
float mappedY = map(handPosition.z,0,50,0,height);
```

这样就可以在屏幕上绘制图形了，添加代码如下：

```
fill(255);
ellipse(mappedX, mappedY,10,10);
```

运行该程序(sketch_1502)，查看屏幕上的小圆点跟随手的运动而移动的效果，如图 15-20 所示。

图 15-20

修改一下背景，可以创建拖尾效果，添加代码，如图 15-21 所示。

运行该程序 (sketch_1503)，在 Leap Motion 的上方前后左右移动手，绘制拖尾效果，这样就能看到手的运动轨迹了，如图 15-22 所示。

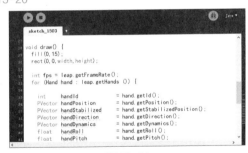

图 15-21

图 15-22

使用 Leap Motion 就像使用鼠标一样，可以调整这些程序代码，将手、手指或手势

的数据用于 Processing 中，创建更丰富有趣的交互效果。比如用抓取 (handGrab) 改
变笔画的颜色，修改代码如下：

```
……
float col = handGrab*255;
fill(col,255-col,255-col);
ellipse(mappedX, mappedY,40,40);
……
```

运行该程序 (sketch_1504)，在 Leap Motion 的上方前后左右移动手，通过抓紧
手或松开手改变填充颜色，绘制彩色拖尾效果，如图 15-23 所示。

扫码看效果

图 15-23

15.5　扩展练习

本节的练习是本书中相对来说最有意境的交互程序。选择打开范例程序 Fluid_
Minimal，这是一个流态效果的程序。修改其中的部分代码，如图 15-24 所示。

图 15-24

运行该程序 (sketch_1505)，查看鼠标互动绘制烟雾效果，如图 15-25 所示。

图 15-25

扫码看效果

　　结合前面用过的 Leap Motion 基础范例程序，修改烟雾笔画程序的代码，将手指
的位置参数、运动方向等数据应用到笔画，创建一件手势互动绘画作品。

　　读者可参照和分析一些视觉效果非常优秀的范例，结合 Leap Motion 等感应器，
创作出更多、更好的脱离鼠标和键盘的自然交互作品。